APP UI
元 素 设 计

张 洁 杨明辉◎编著

U0378104

清华大学出版社
北京

内 容 提 要

本书是一本专门介绍使用Photoshop设计制作APP元素的图书。全书共分为6章，包括APP UI元素设计基础、APP图标设计、按钮设计、导航设计、其他界面元素设计和APP完整应用界面设计等内容，通过案例的逐一讲解，使读者由浅入深、逐步地了解使用Photoshop设计制作APP元素的整体设计思路和制作过程。本书将APP UI元素设计的相关理论与实例操作相结合，不仅能使读者学到专业知识，也能使读者掌握实际应用，全面掌握APP UI的元素设计。

本书不仅适合APP UI设计爱好者，以及准备从事APP UI设计的人员，也适合Photoshop的使用者，包括平面设计师、网页设计师等相关人员参考使用；同时也可作为相关培训中心及学校的辅助教材。

图书在版编目(CIP)数据

APP UI元素设计/张洁，杨明辉编著. —北京：清华大学出版社，2018
ISBN 978-7-302-49006-7

Ⅰ．①A… Ⅱ．①张… ②杨… Ⅲ．①移动电话机—应用程序—程序设计 Ⅳ．①TN929.53

中国版本图书馆CIP数据核字(2017)第294395号

责任编辑： 韩宜波
装帧设计： 杨玉兰
责任校对： 吴春华
责任印制： 王静怡
出版发行： 清华大学出版社
          网　　　址： http://www.tup.com.cn, http://www.wqbook.com
          地　　　址： 北京清华大学学研大厦A座　　　　　**邮　　编：** 100084
          社 总 机： 010-62770175　　　　　　　　　　　**邮　　购：** 010-62786544
          投稿与读者服务： 010-62776969, c-service@tup.tsinghua.edu.cn
          质量反馈： 010-62772015, zhiliang@tup.tsinghua.edu.cn
印 装 者： 北京博海升彩色印刷有限公司
经　　销： 全国新华书店
开　　本： 185mm×260mm　　　**印　张：** 17.5　　**字　数：** 577千字
版　　次： 2018年4月第1版　　　　　　　　　**印　次：** 2018年4月第1次印刷
印　　数： 1～3000
定　　价： 69.80元

产品编号：069005-01

前　言

FOREWORD

随着苹果公司的引领、安卓系统的崛起，APP 市场发展迅速。目前，各种 APP 应用层出不穷，APP UI 设计师也成为人才市场上炙手可热的职业。

本书内容

本书是一本专门介绍使用 Photoshop 设计制作 APP 元素的图书。全书共分为 6 章，第 1 章介绍 APP UI 元素设计基础，帮助读者了解 APP UI 的基础知识以及使用 Photoshop 绘制基础图形；第 2 ~ 4 章介绍 APP 图标设计、按钮设计和导航设计，通过理论知识与案例制作的结合，逐一讲解这些 APP 中最常见的元素设计；第 5 章介绍 APP 其他界面元素设计，包括表单设计、视觉吸引元素和反馈信息设计。前面章节的安排使读者由浅入深、逐步地了解使用 Photoshop 设计制作 APP 元素的设计思路和制作过程。第 6 章介绍 APP 完整界面的设计，包括界面设计基础知识，以及不同风格界面设计的制作，通过完整界面的制作来综合前面各章知识，帮助读者巩固所学知识，并能将理论应用到实际工作中。

本书特色

1. 理论结合实际，全面掌握专业知识

本书将 APP UI 元素设计的相关理论与实例操作相结合，不仅能使读者学到专业知识，也能使读者掌握实际应用，全面掌握 APP UI 的元素设计。

2.案例全面丰富，实际操作灵活应用

书中案例涉及 APP 中的界面元素设计，如图标设计、按钮设计、导航设计等，最后一章介绍了完整的 APP 界面设计，将前面所学应用到实际中。

3.设计师心得，扩展行业知识

每章设置了"设计师心得"模块，讲解了 APP UI 设计中的行业知识，知识更全面，可帮助读者拓展 APP UI 的相关知识。

4.视频教学，轻松快速学习

本书配备资源包括书中所有案例的素材、源文件以及视频教学，读者可以通过扫描右侧的二维码，轻松掌握书中知识。

本书创建团队

本书由张洁、杨明辉编著，其他参与编写的人员还有江凡、张洁、马梅桂、戴京京、骆天、胡丹、彭斌全、林小群、刘清平、钟睦、刘里锋、朱海涛、廖博、喻文明、易盛、陈晶、张绍华、陈文轶、杨少波、杨芳、刘有良、刘珊、赵祖欣、毛琼健、江涛、张范、田燕等。

由于编者水平有限，书中疏漏与不妥之处在所难免。在感谢您选择本书的同时，也希望您能够把对本书的意见和建议告诉我们，联系信箱：lushanbook@qq.com，读者 QQ 群：327209040。

编　者

目 录

C O N T E N T S

第 1 章　APP UI 元素设计基础 / 1

1.1　什么是 APP UI 元素 / 2

1.1.1　认识 UI / 2

1.1.2　APP UI 元素的重要性 / 5

1.2　元素设计要点 / 6

1.2.1　风格 / 6

1.2.2　颜色 / 7

1.2.3　透视关系 / 9

1.2.4　阴影与投影 / 10

1.3　使用 Photoshop 绘制基础图形 / 11

1.3.1　矩形和圆角矩形 / 11

1.3.2　椭圆 / 13

1.3.3　组合图形 / 15

1.4　设计师心得 / 20

1.4.1　APP UI 设计师到底应该掌握些什么 / 20

1.4.2　APP UI 设计师有多大的就业前景 / 21

1.4.3　关于 APP UI 设计的那些事儿 / 21

第 2 章　APP 图标设计 / 25

2.1　APP 图标设计基础 / 26

2.1.1　图标的分类 / 26

2.1.2　图标的标准尺寸 / 27

2.1.3　图标的设计原则 / 30

2.1.4　图标的设计流程 / 36

2.2　不同风格的图标设计 / 36

2.2.1　线性图标的设计 / 36

2.2.2　扁平化图标的设计 / 38

2.2.3　立体图标的设计 / 40

2.2.4　逼真写实图标的设计 / 51

2.3　不同质感纹理与效果的图标设计 / 57

2.3.1　金属质感 / 57

2.3.2　玻璃质感 / 61

2.3.3　皮质质感 / 67

2.3.4　木头纹理 / 71

2.3.5　发光效果 / 79

2.4　应用图标设计 / 90

2.4.1　日历图标 / 90

2.4.2　邮件图标 / 92

2.4.3　计算器图标 / 95

2.5　功能图标设计 / 99

2.6　设计师心得 / 101

2.6.1　图标设计的重要细节 / 101

2.6.2　什么样的图标才更加吸引用户 / 103

第 3 章　按钮设计 / 105

3.1　按钮设计技巧 / 106

3.1.1　按钮的尺寸 / 106

3.1.2　关联分组 / 107

3.1.3　善用阴影 / 107

3.1.4　圆角边界 / 108

3.1.5　强调重点 / 108

3.2　按钮设计案例 / 110

3.2.1　开关按钮 / 110

3.2.2　电源按钮 / 114

3.2.3　滑块按钮 / 120

3.3　设计师心得 / 126

3.3.1　APP UI 设计为什么这么受欢迎 / 126

3.3.2　如何将 iOS 的 UI 设计换成安卓的 UI 设计 / 127

第 4 章　导航设计 / 129

4.1　常见的 UI 设计模式 / 130

4.1.1　主体 / 细节模式 / 130

4.1.2　分栏浏览模式 / 131

4.1.3　搜索 / 结果模式 / 132

4.1.4　过滤数据组模式 / 133

4.1.5　表单模式 / 134

4.1.6　向导模式 / 135

4.2　标签式导航 / 136

4.2.1　底部标签式导航 / 136
4.2.2　顶部标签式导航 / 138
4.2.3　底部标签的扩展导航 / 139
4.2.4　设计实例 / 140

4.3　抽屉式导航 / 145

4.3.1　关于抽屉式导航 / 145
4.3.2　设计实例 / 147

4.4　列表式导航 / 156

4.4.1　关于列表式导航 / 157
4.4.2　设计实例 / 158

4.5　平铺式导航 / 164

4.6　宫格式导航 / 166

4.7　悬浮式导航 / 167

4.8　设计师心得 / 169

第 5 章　其他界面元素设计 / 173

5.1　表单设计 / 174

5.1.1　登录表单 / 174

5.1.2 注册表单 / 178

5.1.3 计算表单 / 186

5.1.4 搜索表单 / 187

5.1.5 长表单 / 188

5.2 视觉吸引元素 / 204

5.2.1 对话框设计 / 204

5.2.2 提示设计 / 205

5.2.3 使用向导设计 / 205

5.2.4 幻灯片设计 / 206

5.2.5 首次使用引导设计 / 207

5.2.6 持续视觉吸引设计 / 207

5.2.7 可发现的视觉吸引设计 / 207

5.3 反馈信息设计 / 208

5.3.1 操作反馈设计 / 209

5.3.2 出错信息设计 / 209

5.3.3 确认信息设计 / 210

5.4 设计师心得 / 211

第 6 章　APP 完整应用界面设计 / 217

6.1 界面设计基础 / 218

6.1.1 界面的构图 / 218

6.1.2 常见的界面 / 219

6.1.3 界面切图与导出 / 225

6.2 不同风格的界面设计 / 229

6.2.1 游戏类 APP 界面设计（安卓系统）/ 230
6.2.2 音乐类 APP 界面设计（iOS 系统）/ 231
6.2.3 新闻类 APP 界面设计 / 239
6.2.4 旅游类 APP 界面设计 / 240
6.2.5 交友类 APP 界面设计 / 245
6.2.6 购物类 APP 界面设计 / 255
6.2.7 摄影图像类 APP 界面设计 / 255

6.3 设计师心得 / 265

6.3.1 什么是好的设计 / 265
6.3.2 关于安卓屏幕 / 265

第 1 章
APP UI 元素设计基础

本章主要讲解关于 APP UI 元素的一些基础知识以及 Photoshop CC 的一些基础知识，通过对本章内容的学习，读者可以对什么是 APP UI 有进一步的了解，从而为以后的设计打下良好的基础。

1.1 什么是APP UI元素

本节主要介绍 UI 元素的定义以及重要性，同时包含 UI 设计的定义和 APP 的定义等内容。

1.1.1 认识 UI

什么是 APP UI 设计？首先，我们要知道 UI 到底是什么。UI 即 User Interface（用户界面）的简称，而 UI 设计也就是指对软件的人机交互、操作逻辑、界面美观的整体的设计。好的 UI 设计能充分体现产品的定位和符合目标用户群的喜好，让界面能在达到设计创新的同时更有实用性。

目前 UI 的设计范畴主要包括以下几个方面。

❖ 网页界面、电脑系统以及平板电脑界面，如图 1-1 所示。

网页界面

电脑系统

▲ 图 1-1 网页及电脑界面参考图片

❖ 手机界面（包括系统界面、独立 APP 应用界面等），如图 1-2 所示。

手机系统界面　　独立 APP 应用界面

▲ 图 1-2　手机界面参考图片

❖ 家电类微型液晶屏界面、车载设备界面等，如图 1-3 所示。

智能电视界面　　车载设备界面

▲ 图 1-3　智能电视界面及车载设备界面参考图片

未来 UI 设计的领域主要体现在全息投影交互技术、远程控制（如无人驾驶汽车）、可穿戴设备、运动感应技术等方面。

❖ 全息投影交互技术，如图 1-4 所示。

❖ 无人驾驶汽车，如图 1-5 所示。

▲ 图1-4　全息投影交互技术　　　　　　　　　　　　▲ 图1-5　无人驾驶汽车

❖可穿戴设备（包括医疗设备、采用运动感应技术的手环、智能手表、多功能眼镜等），如图1-6所示。

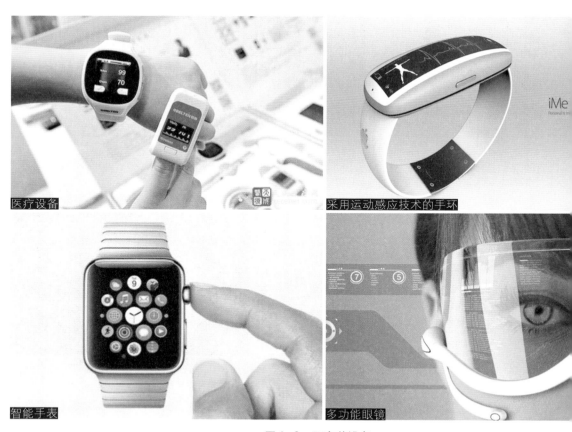

▲ 图1-6　可穿戴设备

1.1.2　APP UI 元素的重要性

我们一般所说的 APP UI 元素就是指面向对象程序设计平台上的各类控件，如菜单、图标、按钮、搜索栏、页签、弹窗等，如图 1-7 所示。

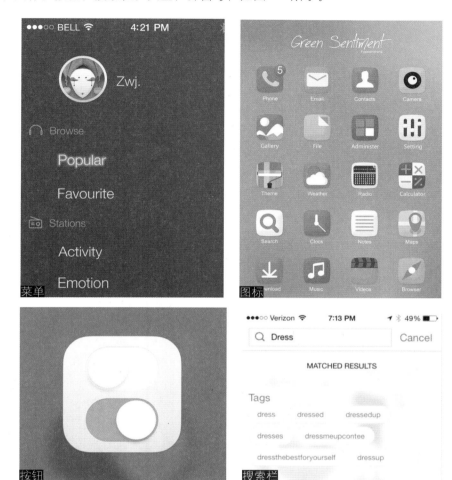

▲　图 1-7　各种 UI 元素

正是这一个个元素构成了整个 UI 设计，因此，我们绝对不能小觑这些小的元素。在设计的过程中，我们每设计一个元素并引入到界面的时候都要考虑到它的大小、质感、位置以及颜色等是否合适，在界面中是否和谐。

同时，我们更不要忘记进行设计上的创新，包括去采纳使用那些可能已经被视为过时，但实际并非如此，而且仍旧存在的设计元素。毕竟在一些小事、小元素上进行创新非常重要，因为在今后的设计道路上，它们将会发挥非常大的作用。

1.2 元素设计要点

既然 UI 元素在整个 UI 设计中有举足轻重的作用，那么在设计时又要把握哪些要点呢？接下来，主要从三个方面来讲一下关于元素设计要点的内容。

1.2.1 风格

这里所说的风格指的是用户界面中那些元素的形态。作为一个设计整体，不管它是一个界面，还是由几部分组成，都要把握住设计的"统一连贯性"，这就要求我们在第一时间确定好这个设计对象的设计风格，到底是扁平化的元素风格（如图 1-8 所示）、线条简约化风格（如图 1-9 所示），还是立体化风格，也就是通常所说的"拟物化"的元素风格（如图 1-10 所示）。

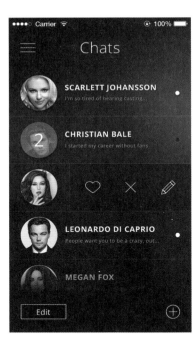

▲ 图 1-8 扁平化元素　　　　　　　　▲ 图 1-9 线条简约元素

我们不难发现，近几年来，UI 设计几乎都向着扁平化方向发展，无论是 Google 还是 Facebook，甚至是 Apple 都采用了简约平面化的设计来处理整个界面。

在编者看来，这是一个必然的事实，为什么呢？因为现在我们所处的社会中，数码化程度越来越高，各类的数码设备也越来越普遍。相对于原来的拟物化应用，其之所以在当时被广泛应用，是因为那时的数码设备尚未十分普及，为了保证用户能便捷辨识和使用，拟物化无疑是那时可以最大限度地体现这个元素的功能，可以让用户在最短的时间内学会使用。

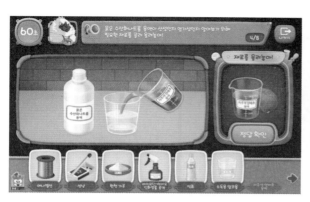

▲ 图1-10　立体化元素

可是当一个数码设备可以完成听音乐、写东西、看地图、打电话等一切任务的时候，传统的东西必然会失去竞争力而逐渐退出历史舞台。所以，扁平化的流行并不是单纯地因为审美疲劳导致的为了变化而变化，而是顺应了时代的发展而已。当然，扁平化也未必适合所有的产品，我们不得不说，每种元素风格都有它自己的一席之地，只是要看它所面对的是哪类平台和领域，最重要的是面对的消费群体是谁。

1.2.2　颜色

在界面设计中，要时刻把握住色彩的搭配。从各个元素开始，就要考虑好整体的配色，在不同中保持统一，才能使设计完成得更加完整、出色。

我们每天的生活都离不开手机，那么天天使用的手机里，那些 APP UI 元素在颜色方面又有哪些特殊性呢？首先，这些元素不管是图形还是文字，一定都有适当的白色块，这可以使各个色彩之间有一定的过渡，能够起到视觉缓和的作用，同时还能增强界面的透气性，如图 1-11 所示。

▲ 图 1-11　手机界面中的白色色块

其次，各个元素的色彩饱和度都大致在同一个度上，这样可以保证颜色的和谐性，在后期的处理时也可在此基础上做更好的调整，如图 **1-12** 所示。

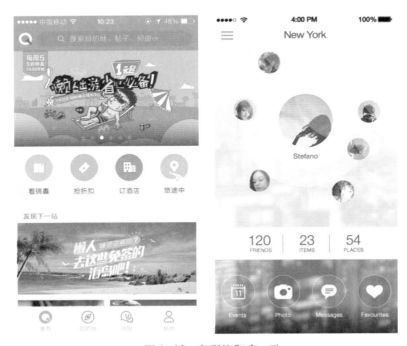

▲ 图 1-12　色彩饱和度一致

读者这时肯定会想，要考虑的事情有这么多，配色看来会很难。其实不然，只要是好看的颜色，搭配起来让人觉得舒服、赏心悦目就是好的配色方案。当然，如果能在设计上给予更多的含义，就更棒了！

1.2.3　透视关系

对于平面设计来说，画面所展示的透视感与深度感非常重要，对透视理解越到位的设计师，其设计出的作品往往也会更加出色，然而我们经常忽略这一方面。这是因为 Photoshop 的窗口是二维的，因此也就有了很大的难度。

但是由于透视感与深度感能让图像更有趣味，也会让设计更出彩，所以希望读者在后期 UI 设计中能够注重这方面的设计与构思。下面就来简单地讲一下，界面中元素的透视关系可以通过哪些手段进行处理和表现。

❖利用高斯模糊：在 Photoshop 中，高斯模糊的作用非常大，在任何设计中，都可以利用高斯模糊来体现画面的深度，如图 1-13 所示。

▲ 图 1-13　利用高斯模糊的界面

在图 1-13 中的这两个界面中都使用了部分画面的高斯模糊，下面就以第一个界面来讲一下画面的处理。那只最大的海鸥绝不是因为图像像素低或者是后期粗心而造成的模糊，为什么呢？大家可以试想一下，虽然除了文字以外的其他元素都处理成了蓝灰色调，可是处于主标题一侧的海鸥如果不进行高斯模糊，那么它的喙、飞翔的姿态以及它在画面中的大小，一定会给整个界面带来冲击感，从另一方面来讲，它一定会抢走主题的视觉点。

❖ 利用光效和色彩来提高透视感：如图 1-14 所示为利用光效和色彩来提高画面的透视感。比较一下，光感更佳、色彩更鲜艳的区域相较其他区域是不是更有吸引力。当然，大家也不妨试试综合运用。

▲ 图 1-14　利用光效和色彩来提高透视感

1.2.4　阴影与投影

每个界面都是由无数个元素组成的，这就要求我们在设计的时候要考虑到每一个元素之间的联系，它们之间是否出现了相悖或者是不和谐等设计方面的缺陷，其中比较重要的一点就是元素的阴影与投影。

在一个界面中所有的元素都是不同的，但同时也是整体的，一个统一并明确的光感能给设计带来舒适感和一定的冲击力，如图 1-15 所示。因此当出现不同的时候，要立即改正。

其实要点有很多，但是专门拿出这一点来进行讲解是因为编者在最初设计方案的时候经常遇到这样的困惑，所以觉得应该对读者有一定的帮助，具体出现的阴影与投影不一致的问题，会在本书后面的案例部分进行说明。

▲ 图 1-15 统一并明确的光感

1.3 使用Photoshop绘制基础图形

图形的应用范围很广，如图标、自定义控件的绘制等，这些都需要基础图形的绘制作基础，本节主要讲解关于 Photoshop CC 的一些基础图形的绘制方法，包括矩形、椭圆等形状。在每一小节会分别讲解并添加相关实例及分解步骤供读者学习。

1.3.1 矩形和圆角矩形

矩形和圆角矩形是所有基本图形中最中规中矩的图形。矩形和圆角矩形的最大区别就在于四个角上，矩形的角是 90°，而圆角矩形的角是弧形的。在设计的过程中要根据具体设计的对象来考虑到底要用哪一种。

下面就使用矩形工具█和圆角矩形工具█来绘制一个播放图标，最终的效果如图 1-16 所示。

▲ 图 1-16 案例最终效果

● 绘制步骤 ●

知识点	圆角矩形工具、渐变填充、椭圆工具、剪贴蒙版、图层样式
文件路径	素材 \ 第 1 章 \1.3.1\ 播放图标 .psd

❶ 执行"文件"｜"新建"命令新建一个空白文档，在弹出的"新建"对话框中设置各项参数值并在完成后单击"确定"按钮，如图 1-17 所示。

❷ 设置前景色为 #b20d40，按 Alt+Delete 组合键填充背景，如图 1-18 所示。

▲ 图 1-17　新建文档　　　　　　　　▲ 图 1-18　填充背景

❸ 在工具箱中选择圆角矩形工具 ，在选项栏中设置工具模式为"形状"，填充颜色为白色，如图 1-19 所示。

❹ 在图像窗口中按下鼠标左键的同时移动鼠标，拖动到合适大小后松开鼠标左键，绘制出形状，如图 1-20 所示。

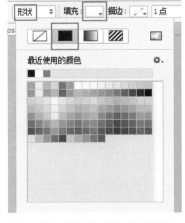

▲ 图 1-19　设置圆角矩形的参数　　　　▲ 图 1-20　绘制圆角矩形

⑤ 选中圆角矩形 1 和背景图层，在选项栏中单击"垂直居中对齐"按钮█和"水平居中对齐"按钮█，此时的图像效果如图 1-21 所示。

⑥ 选择自定形状工具█，选择"标志 3"形状，设置颜色为前景色，在图像窗口中绘制合适大小的形状，如图 1-22 所示。

▲ 图 1-21 将圆角矩形 1 和背景
图层进行对齐

▲ 图 1-22 绘制形状

提示 💡 将两个图层进行对齐的时候，必须保证当前所选择的为移动工具█。

⑦ 按 Ctrl+T 组合键，对标志 3 进行自由变换，此时的图像效果如图 1-23 所示。

⑧ 选中"圆角矩形 1"和"形状 1"图层，将它们进行"垂直居中对齐"█和"水平居中对齐"█，此时的图像效果如图 1-24 所示。至此，本实例制作完成。

▲ 图 1-23 自由变换

▲ 图 1-24 对齐图形

1.3.2 椭圆

选择椭圆工具█，在图像窗口中按下鼠标左键的同时移动鼠标，拖动到合适大小后松开鼠标左键即可绘制一个椭圆。如果要绘制一个正圆，只需在按下鼠标左键前按住 Shift 键，绘制完成后松开即可。下面就来使用椭圆工具█制作一个放大镜图标，最终的效果如图 1-25 所示。

▲ 图 1-25 最终效果展示

● 绘制步骤 ●

知识点	椭圆工具、圆角矩形工具、剪贴蒙版、图层样式
文件路径	素材 \ 第 1 章 \1.3.2\ 椭圆 .psd

❶ 执行"文件"│"新建"命令，新建一个空白文档，在弹出的"新建"对话框中设置各项参数值并在完成后单击"确定"按钮，如图 1-26 所示。

❷ 在工具箱中选择椭圆工具 ，在其选项栏中调整好各项参数，如图 1-27 所示。

▲ 图 1-26 新建文档　　　　　　▲ 图 1-27 调整参数

❸ 按住 Shift 键，在图像窗口中单击鼠标左键，绘制出合适大小的正圆，如图 1-28 所示。

❹ 使用椭圆工具 在图像窗口中绘制出略小一点的正圆，如图 1-29 所示。

❺ 选中两个正圆并将它们进行"垂直居中对齐" 和"水平居中对齐" ，此时的图像效果如图 1-30 所示。

▲ 图 1-28 绘制正圆　　　▲ 图 1-29 绘制略小的正圆　　　▲ 图 1-30 图像效果

❻ 使用圆角矩形工具 绘制出形状并调整颜色，如图 1-31 所示。

❼ 按 Ctrl+T 组合键对其进行自由变换，效果如图 1-32 所示。

▲ 图 1-31 绘制形状

▲ 图 1-32 自由变换

❽ 把鼠标指针放在"圆角矩形 1"图层上并按住鼠标左键向下拖动至"椭圆 1"图层下面，如图 1-33 所示。

❾ 此时图像效果如图 1-34 所示。至此，本实例制作完成。

▲ 图 1-33 移动图层

▲ 图 1-34 图像效果

1.3.3 组合图形

在生活中看到的许多 UI 元素其实都是由各个图形组合而成的，如图 1-35 所示。它们也可以用钢笔工具来表现，但是根据整个界面风格的差异，有时使用各个图形来组合画面会使画面变得更加严谨，在后期的处理上也会更统一。

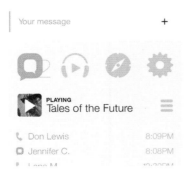

▲ 图 1-35 组合图形

接下来就来制作一个扁平化的相机图标。

━━━● 绘制步骤 ●━━━

知识点	圆角矩形工具、渐变填充、椭圆工具、剪贴蒙版、图层样式
文件路径	素材 \ 第 1 章 \1.3.3\ 组合图形 .psd

❶ 新建一个大小为 1000 像素 ×1000 像素的文档，如图 1-36 所示。

❷ 设置前景色为 #a0fdf3，如图 1-37 所示，按 Alt+Delete 组合键填充背景。

▲ 图 1-36　新建文档

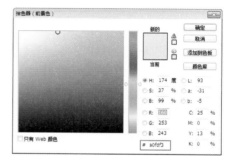

▲ 图 1-37　设置前景色

❸ 选择圆角矩形工具，设置填充颜色为白色，在选项栏中设置圆角的半径为 100 像素，并设置宽、高的参数为 583 像素。

❹ 在图像窗口中按下鼠标左键并拖动鼠标，绘制圆角矩形，如图 1-38 所示，并命名为"相机体"。

❺ 选择椭圆工具，按住 Shift 键，在画布中相应的位置按下鼠标左键并拖动鼠标，绘制正圆并设置形状颜色为 #ec7e7e，如图 1-39 所示。

▲ 图 1-38　绘制圆角矩形

▲ 图 1-39　绘制正圆

❻ 选择圆角矩形工具，并设置其颜色为 #a0cff6，半径为 10 像素，在相应位置按下鼠标左键并拖动鼠标绘制形状，设置形状的宽度和高度都为 80 像素，如图 1-40 所示。

⑦ 使用矩形工具 ▣ 在适当位置绘制出形状，填充颜色为白色，如图 1-41 所示。

▲ 图 1-40　绘制并编辑圆角矩形　　　　　　▲ 图 1-41　绘制矩形

⑧ 按 Ctrl+J 组合键，复制出两个矩形并移动到合适位置，将这两个形状与上一步骤中的形状同时选中进行"水平居中对齐" ▣，此时的图像效果如图 1-42 所示。

⑨ 单击矩形工具 ▣，在选项栏中设置填充颜色为 #5c9ed6，形状的宽度和高度分别为 583 像素和 225 像素，在图像窗口中绘制形状并命名为"相机身"。

⑩ 将"相机身"图层与"相机体"图层进行"垂直居中对齐" ▣ 和"水平居中对齐" ▣，此时的图像效果如图 1-43 所示。

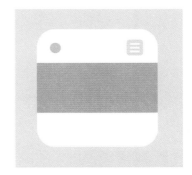

▲ 图 1-42　复制并移动形状　　　　　　▲ 图 1-43　对齐后的图像效果

⑪ 选择椭圆工具 ⬭，在画布中单击并移动绘制一个正圆，调整大小，设置颜色为白色，并将其图层命名为"镜头一"，如图 1-44 所示。

⑫ 选择椭圆工具 ⬭，在画布中绘制一个比"镜头一"稍微小一些的正圆，填充色为 #19385a，并将其图层命名为"镜头二"，如图 1-45 所示。

⑬ 选择椭圆工具 ⬭，绘制一个比"镜头二"小一点的正圆，填充色为白色，并将其图层命名为"镜头三"，如图 1-46 所示。

⑭ 在"图层"面板中，双击"镜头三"图层右侧的空白处，打开"图层样式"对话框，选择"渐变叠加"选项，单击"渐变"后面的颜色条，如图 1-47 所示。

▲ 图 1—44　绘制椭圆

▲ 图 1—45　绘制小椭圆

▲ 图 1—46　绘制正圆

▲ 图 1—47　编辑渐变颜色

⑮ 在打开的"渐变编辑器"对话框中选择第一个色标，单击底部的颜色，如图 1-48 所示。

⑯ 在打开的"拾色器"对话框中设置颜色为 #5c9ed6，单击"确定"按钮，然后对第二个色标进行拾色，颜色一致，此时的对话框如图 1-49 所示。

▲ 图 1—48　"渐变编辑器"对话框（1）

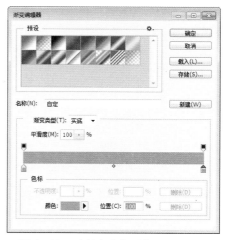

▲ 图 1—49　"渐变编辑器"对话框（2）

⑰ 添加色标，设置颜色为 #2f3d71，位置为 50%，此时的编辑器对话框如图 1-50 所示。

⑱ 单击"确定"按钮关闭对话框，然后将缩放百分比调到最大，如图 1-51 所示。

▲ 图 1-50   "渐变编辑器"对话框 (3) 　 ▲ 图 1-51   调节缩放百分比

⑲ 添加图层样式后的图像效果如图 1-52 所示。

⑳ 使用椭圆工具 ●，在"镜头三"的基础上绘制一个稍微小于它的正圆，编辑其颜色为 #19385a，并命名为"镜头四"，如图 1-53 所示。

▲ 图 1-52   图像效果 　 ▲ 图 1-53   绘制正圆

㉑ 在"图层"面板中，选中"镜头四"图层，设置填充为 50%，如图 1-54 所示。

㉒ 使用椭圆工具 ●，按住 Shift 键，在图像窗口中先后绘制两个正圆，颜色为白色，将图层命名为"高光"，设置填充为 50%，此时的图像效果如图 1-55 所示。

㉓ 在"图层"面板中选中"相机体"图层，按住 Ctrl 键，依次单击"相机身""镜头一""镜头二""镜头三"以及"镜头四"图层，然后进行"垂直居中对齐" ▣ 和"水平居中对齐" ▣，如图 1-56 所示。

第1章　APP UI元素设计基础

㉔ 选中"高光"图层，移动到合适位置，图标绘制完成，效果如图 1-57 所示。

▲ 图 1-54　设置图层的透明度

▲ 图 1-55　绘制正圆

▲ 图 1-56　对齐图层

▲ 图 1-57　图像效果

1.4　设计师心得

1.4.1　APP UI 设计师到底应该掌握些什么

随着移动设备的发展，APP UI 设计师这一职业也越来越受青睐，那么作为一名合格的 APP UI 设计师到底需要掌握些什么技能？又或者说到底应该会些什么才能算得上是 UI 设计师呢？

首先，一个合格的设计师一定要有一个整体的设计视觉感，即对整个设计的视觉效果必须有一个很好的把控。

其次，作为设计，尤其是 UI 设计，作为设计师要能够遵循人机工程的原理，依据人的心理、行为等来具体设计对象。

最后，要能够熟练使用 Photoshop、AI 等各类设计软件，并在设计的时候能够很好地和团队中的其他人员进行沟通。

1.4.2　APP UI 设计师有多大的就业前景

APP UI 设计师这个职业是一个新的职业，也是近几年才开始受到青睐，越来越多的公司需要 APP UI 设计师。如今的内容已从文字时代发展到了读图时代，界面的好坏已经直接影响到了企业的营业收入，特别是以后手机越来越智能化，界面设计成了行业竞争的关键。因此人才需求井喷，薪资水平也不断水涨船高，它的就业前景到底有多大便可想而知了。

1.4.3　关于 APP UI 设计的那些事儿

刚开始接触 APP UI 设计的新手们，问得最多的就是有关尺寸的问题，界面多大，文字怎样才合适，关于安卓是不是要做几套不同大小的才能适应？下面对这些问题进行解答。

1. iPhone 的界面尺寸

iPhone 的 APP 界面一般由状态栏、导航栏、标签栏和中间的内容区域组成，如图 1-58 所示。因为宽度是固定的，所以设计开发起来很方便。

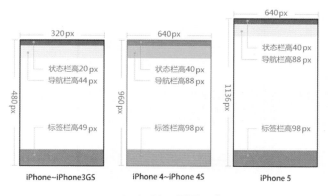

▲ 图 1-58　界面组成

❑ **界面尺寸**

❖ 状态栏：显示运营商、信号和电量的区域，高度为 40 px。

❖ 导航栏：显示当前页面名称，包含"返回"等功能按钮，高度为 88 px。

❖ 标签栏：显示在页面的下方，一般作为分类内容的快速导航，高度为 98 px。

具体的尺寸参数如表 1-1 所示。

❑ **字体大小**

iPhone 上的英文字体为 HelveticaNeue，中文一般是冬青黑体或黑体 - 简。有关文字的大小根据不同类型的 APP 都有不同的定义，如表 1-2 所示为百度用户体验部提供的统计资料。另外，用户也可以把好的应用截图放进 **Photoshop** 里对比，从而调试自己设计的文字大小。

表 1-1　iPhone 手机界面的具体参数

设备	分辨率尺寸（宽 × 高）/（px×px）	分辨率 /PPI	状态栏 高度 /px	导航栏 高度 /px	标签栏 高度 /px
iPhone6 plus 设计版	1242 × 2208	401	60	132	147
iPhone6 plus 放大版	1125 × 2001	401	54	132	147
iPhone6 plus 物理版	1080 × 1920	401	54	132	146
iPhone6	750 × 1334	326	40	88	98
iPhone5 – 5C – 5S	640 × 1136	326	40	88	98
iPhone4 – 4S	640 × 960	326	40	88	98
iPhone & iPod Touch 第一代、第二代、第三代	320 × 480	163	20	44	49

表 1-2　统计资料

		可接受下限（80% 用户可接受）	见小值（50% 以上用户认为偏小）	舒适值（用户认为最舒适）
iOS	长文本	26 px	30 px	32~34 px
	短文本	28 px	30 px	32 px
	注释	24 px	24 px	28 px

2. iPad 的设计尺寸

iPad 的尺寸示意图如图 **1-59** 所示。

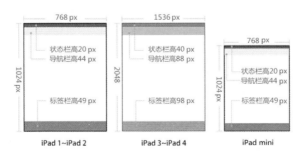

▲ 图 1—59　iPad 的尺寸示意图

具体的尺寸参数如表 1-3 所示。

表 1-3　iPad 界面的具体参数

设备	分辨率尺寸（宽×高）/（px×px）	分辨率/PPI	状态栏高度/px	导航栏高度/px	标签栏高度/px
iPad 3 – 4 – 5 –6 – Air – Air2 – mini2	2048×1536	264	40	88	98
iPad 1 – 2	1024×768	132	20	44	49
iPad Mini	1024×768	163	20	44	49

3．Android 的尺寸与分辨率

Android 有数不清的机型和尺寸，如图 1-60 所示。这里介绍一些主流的设计尺寸，如 480px×800px、720px×1280px。众所周知，安卓手机的分辨率越来越大，所以建议使用 720px×1280px 这个尺寸来设计，切图上可以点九切图做到所有手机的适配。

▲ 图 1—60　Android 机型和尺寸

❏ 界面基本组成元素

与 iOS 一样，Android 手机的界面也是由状态栏、导航栏和标签栏组成。以 720px×1280px 的尺寸来设计，那么状态栏的高度应为 50px，导航栏的高度为 96px，标签栏的高度为 96px。但是由于是开源的系统，很多厂商也在界面上想尽办法，因此这里的数值只能作为参考。

为了区别于 iOS，Android 从 4.0 开始提出了一套 HOLO 的 UI 设计风格，鼓励将底部的标签栏放到导航栏下面，从而避免点击下方材料时误点虚拟按键，很多 APP 的新版中也采用了这一风格。

❑ **字体**

Android 的字体为 Droid sans fallback，这是谷歌自己的字体，与微软雅黑很像。

❑ **Android SDK 模拟机的尺寸**

Android SDK 模拟机的尺寸参数如表 1-4 所示。

表 1-4　Android SDK 模拟机的尺寸

屏幕大小	低密度 （120）	中等密度 （160）	高密度 （240）	超高密度 （320）
小屏幕	QVGA （240×320）		480×640	
普通屏幕	WQVGA400 （240×400） WQVGA432 （240×432）	HVGA （320×480）	WVGA800 （480×800） WVGA854 （480×854） 600×1024	640×960
大屏幕	WVGA800* （480×800） WVGA854 （480×854）	WVGA800 *（480×800） WVGA854 *（480×854） 600×1024		
超大屏幕	1024×600	1024×768 1280×768WXGA （1280×800）	1536×1152 1920×1152 1920×1200	2048×1536 2560×1600

❑ **换算表**

Android 安卓系统 dp/sp/px 换算表如表 1-5 所示。

表 1-5　换算表

名称	分辨率尺寸（宽×高）/（px×px）	比率 rate （针对 320 px）	比率 rate （针对 640 px）	比率 rate （针对 750 px）
idpi	240×320	0.75	0.375	0.32
mdpi	320×480	1	0.5	0.4267
hdpi	480×800	1.5	0.75	0.64
xhdpi	720×1280	2.25	1.125	1.042
xxhdpi	1080×1920	3.375	1.6875	1.5

第2章
APP 图标设计

　　图标是指具有明确指代含义的图形，其中桌面图标是软件标识，界面中的图标是功能标识。本章将从理论知识和具体的案例实践对图标设计进行基础的讲解，并搭配不同风格的案例让读者进行深入的学习。

2.1 APP图标设计基础

本节主要从 APP 图标的分类、标准尺寸、设计原则以及设计流程四个方面来进行讲解。通过学习，读者会对图标有一定的了解，对之后的图标设计会更有方向，同时能更准确地对其进行设计思考。

2.1.1 图标的分类

广泛地讲，图标大致可以分为三大类：电脑桌面图标（见图 2-1）、移动图标（见图 2-2）以及生活图标（见图 2-3）。从功能上来分，图标包括程序图标和系统图标。下面就欣赏一下这些图标，看看它们究竟有哪些不同和特点。

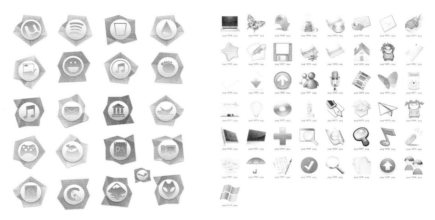

▲ 图 2-1 电脑桌面图标

▲ 图 2-2 移动图标

▲ 图 2-3 生活图标

2.1.2 图标的标准尺寸

在设计图标的时候，一定要根据设计对象来选择图标的尺寸大小。

现在市场中移动端的系统分辨率尺寸占有的比例如表 2-1 所示。

表 2-1 系统分辨率占有比例

分辨率尺寸（宽 × 高）/（px×px）	占有率	分辨率尺寸（宽 × 高）/（px×px）	占有率
1336×768	15%	1440×900	13%
1920×1080	11%	1600×900	5%
1280×800	4%	1280×1024	3%
1680×1050	2.8%	320×480	2.4%
480×800	2%	1280×768	1%

从表 2-1 中可以看出，在市场中有很多种移动端尺寸设计，因此根据对象所设定的图标也有很多种规格尺寸，常用的有：16px×16px、24px×24px、32px×32px、48px×48px、256px×256px。接下来就来看一下常用的移动操作系统的图标标准尺寸是怎么设定的。

1. Android

安卓手机系统的屏幕尺寸以及分辨率尺寸相对于苹果系统会多出很多尺寸大小，因此 Android 的图标尺寸也会有多重大小，如表 2-2 所示，我们要谨慎地选择好图标的尺寸，一定要考虑到实际的屏幕大小等对象尺寸。

表 2-2　Android 的图标尺寸（单位为 px)

屏幕大小	启动图标	操作栏图标	上下文图标	系统通知图标（白色）	最细笔画
320×480	48×48	32×32	16×16	24×24	≥2
480×800 480×854 540×960	72×72	48×48	24×24	36×36	≥3
720×1280	48×48	32×32	16×16	24×24	≥2
1080×1920	144×144	96×96	48×48	72×72	≥6

2. iPhone

iPhone 手机的界面尺寸就像之前所说的，会比安卓手机的尺寸种类少很多，如图 2-4 所示。

由于 iPhone 手机的界面尺寸范围较小，尺寸大小有限，其图标尺寸也更加规范一些，如图 2-5 所示为根据几类手机的屏幕界面尺寸和与之对应的固定的图标尺寸。

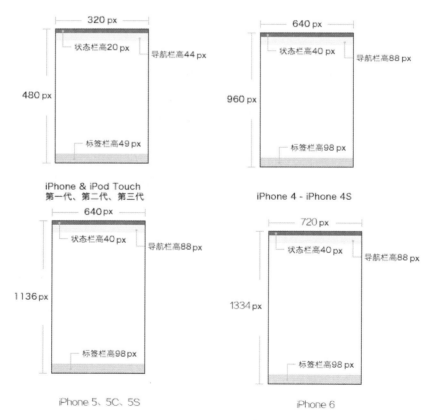

▲ 图 2-4　iPhone 手机的界面尺寸

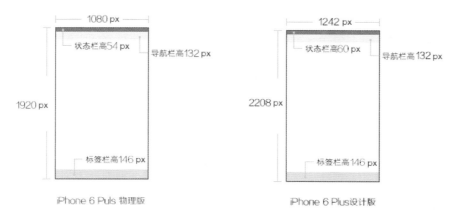

▲ 图 2-4　iPhone 手机的界面尺寸（续）

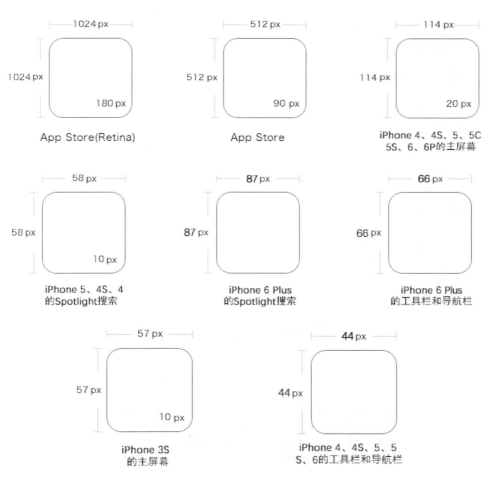

▲ 图 2-5　iPhone 手机的图标尺寸

3. iPad

平板电脑在近几年很受消费者青睐，尤其是 iPad，为什么呢？这是因为平板电脑相对于台式电脑和笔记本电脑更方便携带，以灵敏的触摸屏作为基本的输入设备。它拥有的触摸屏（也称为数位板技术）允许用户通过数字笔或触控笔来进行作业而不是传统的鼠标或者键盘。

2.1.3　图标的设计原则

所有的设计都要遵循一定的设计原则，这样设计出的对象才有合理性与实用美观性，本小节将对图标设计的基本原则进行总结和讲解。

谈到设计原则，首先要说一下图标设计的目的。

❖相比文字，设计上要增强软件的直观实用性。

❖相比文字，在表现形式方面要更加形象，以提升视觉效果。

图标设计的核心就是要让图形的优点最大化，缺点最小化。以下是图标设计过程中应当遵守的几个设计原则。

1. 可识别性原则

可识别性原则的意思是要始终让图标在设计的过程中保证其图形能够准确地表达其对应的相关操作的含义，也就是说在用户看到图标的第一眼时，就能明白它所代表的含义。这是图标设计的第一原则。

在日常生活中，我们所见到的道路标识设计是表达最直接、准确的图标设计，即使人们不识字也可以通过路标准确地理解其含义，如图 2-6 所示。

同样的道理，APP 图标设计也是一样，我们要保证其图标一定要简单明了，要具有非常直接的可识别性和高辨识度，这样用户才能迅速且准确地理解其含义。

禁止非机动车通行　　禁止畜力车通行　禁止人力货运三轮车通行 禁止人力客运三轮车通行

禁止骑自行车下坡　　禁止骑自行车上坡　　限制宽度　　　限制高度

▲ 图 2-6　道路标识

直行　　　向左转弯　　　向右转弯　　　直行和向左转弯

直行和向右转弯　向左和向右转弯　靠右侧道路行驶　靠左侧道路行驶

立交直行和左转弯行驶　立交直行和右转弯行驶　环岛行驶　　步行

▲ 图 2-6　道路标识（续）

2. 差异性原则

差异性原则是指我们在看到一组图标的时候能在第一时间内看出它们之间的差异性。

这条原则是图标设计中很重要的原则，但也是在设计中最容易被忽略的一条原则。图标和文字相比，其优越性在于它更直观一些，但是如果图标设计失去了这一点，那么图标设计就没了象征性，也就失去了意义，如图 2-7 和图 2-8 所示是一些现实中的例子。

▲ 图 2-7　图标设计案例（1）

▲ 图 2-8　图标设计案例 (2)

　　在这两个界面中可以看到其中的图一眼望去几乎是一模一样的，图 2-7 中的图形形状都采用了以蓝色为背景的立体圆球，图 2-8 中图标的分布在界面中显得较为满溢，并且图标中的图形虽然有颜色和形状上的区别，但是在整个界面中被图标外形和数量抢去风头，所以看起来辨识度低，视觉效果差。

　　针对这种情况应该怎么办呢？

　　在图标系列的设计中，如果各个图标需要使用相同的元素来统一整体的风格，那么可以夸张它们之间的差异性，减弱它们之间的相似性。如果大多图标都含有同一元素，那么应该考虑是否放弃使用同一元素而选择相类似的元素，同时在图标的颜色上加以区分，如图 2-9 所示。

▲ 图 2-9　实际图标设计案例

　　下面看一下 Adobe Photoshop 的各个图标，如图 2-10 所示，不但完全符合差异性的原则，而且每个图标看一眼便能发现其图形的差异性。形状设计的识别性很高，能够生动形象地代表所需要的操作，可谓望图知其意。

▲ 图 2—10 Adobe Photoshop 的界面

3. 一致性原则

一致性主要包括以下几点。

❖ 同一款应用在不同平台上的图标要一致。

❖ 同一平台上的不同图标之间的风格或规范要一致。

❖ 工具栏的图标更要一致。

❖ 同一应用中工具栏图标的风格、细节、规格要一致。

具体的设计体现可通过图 2-11 所示的案例来看一下。

▲ 图 2—11 界面图标案例

4. 合适的精细度、元素个数

首先我们要明确一点，图标的主要作用是代替文字来表达其图形所代表的意义，第二才是讲究美观。但现在的图标设计者往往陷入了一个误区，片面地追求精细、高光和质感。其实，图标的可用性随着精细度的变化，是一个类似于波峰的曲线。在初始阶段，图标可用性会随着精细度的变化而上升，但是达到一定精细度以后，图标的可用性往往会随着图标的精细度而下降。变化曲线如图 **2-12** 所示。

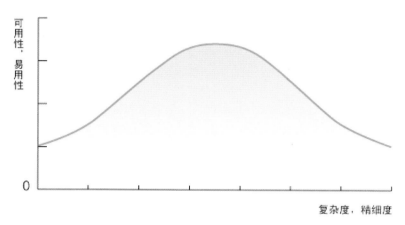

▲ 图 2-12　图标的可用性随精细度变化的曲线图

如图 **2-13** 所示是一个表示"设置"的齿轮图标，我们看到，最左边的是最简单的，最右边的是照片级的，这两种图标的可用性都非常低，都不适合做图标。

▲ 图 2-13　"设置"图标设计

5. 风格统一性原则

如果一套图标在视觉设计方面把握得非常协调，风格非常统一，那么就可以说这套图标具有自己独特的风格，也只有把握住整体设计的统一性才能使图标更有魅力，对于用户来说也更有吸引力，同时能够增强用户的满意度。

平时我们经常会看到在同一个界面上往往堆砌着各种不同风格的图标。很显然，这些图标都是从互联网上的各类设计网站或者参考图片中进行搜集，然后再后期进行略微修改，最后再放到同一个界面中的，因此，界面做得粗制滥造，画面不协调。

风格的统一到底为什么这么重要呢？因为风格的统一代表着设计师的设计思路以及方法的成熟感、创新感。也就是说，独特统一的图标是能保证设计质量的标志之一。

一套好的图标，要有统一的风格，这个设计原则很多设计师都明白，但是到了真正实践起来，也许并不那么容易。那么我们要怎么做呢？

第一步：在设计之前，我们先考虑清楚以下几点。

做简约的，还是精致的？

做平面的，还是立体的？

做古典的，还是现代的？

做正常的，还是卡通的？

做单色的，还是多色的？

是绚丽的，还是柔和的？

是抽象的，还是具体的？

是有框的，还是无框的？

……

第二步：如果可能的话，可以先用铅笔或自动铅笔在白纸上按照自己的构思勾勒出你认为满意的草图，用什么样的符号，绘制的图形要代表什么操作，在画的时候，尽可能地想象第一步的风格定义。

第三步：统一你的色彩，准备好你的调色板。

比如在网络上搜集一些实物加色系的图片，如图 **2-14** 所示。那么在设计的过程中，就可以作为参照来对其进行配色。

▲ 图 2—14　色系图片

2.1.4　图标的设计流程

1. 寻找其对应的具象物体

找到一个能够准确地表达出所要设计的对象相对应的具象实际的物体，这样才能在应用到设计后让用户直观地明白其含义。

2. 搜集素材

可以从平时搜集的素材中找到此刻所需要的素材或者有针对性地到一些素材网站中寻找一些源文件（请注意，源文件一定要没有版权限制的才可以）。

3. 绘制草图

找到素材后就可以开始进行草图的绘制了，可以先用铅笔把最初所想到的大致形状画出来，然后再反复修改即可。在绘制的过程中要使草图尽量接近最后的设计图。

4. 确定风格

接下来要进一步确定图标的风格，到底是卡通的、写实的、黑白的还是单色的，具体还要依据图标所要适配的系统决定。

5. 制作图标

在制作图标的过程中可以尝试使用多种软件和多种风格，使图标能够更漂亮，在这个过程中可以追求一些细节来让图标更加精致。

2.2　不同风格的图标设计

在这一节主要讲解几个不同风格的图标设计，包括线性图标、扁平化图标、立体图标以及逼真写实图标。并且在简单讲解的同时，对于每个风格的图标分别添加实例进行详细的绘制，相信读者在学习后一定会有很多收获。

2.2.1　线性图标的设计

线性图标是所有图标设计中最易上手的，因为它的设计所涉及的知识点相比其他风格而言会少很多。本案例主要是使用圆角矩形工具 ■ 并结合直线工具 ◢ 绘制出鲜明形象的图标，如图 2-15 所示。

▲ 图 2—15　线性图标案例效果展示

━●━ 绘制步骤 ●━━

知识点	圆角矩形工具、渐变填充、自定形状工具、图层样式
文件路径	素材 \ 第 2 章 \2.2.1\ 线性图标的设计 .psd

❶ 新建一个尺寸大小为 400 像素 ×400 像素的文档。

❷ 选择椭圆工具 ⬭，设置填充颜色为白色、描边颜色为蓝色、描边宽度为 10 点，在图像窗口的中心处绘制出合适大小的形状，并同时选中"椭圆 1"和"背景"图层进行水平居中对齐和垂直居中对齐，此时的图像如图 2-16 所示。

❸ 选择直线工具 ╱，设置粗细为 10 像素，在图像窗口中绘制出形状，如图 2-17 所示，同时选中"形状 1"和"背景"图层进行"水平居中对齐"。

▲ 图 2—16　绘制并调整形状

▲ 图 2—17　绘制指针形状

提示 💡 在制作的同时，也可以利用辅助线来达到对齐的效果。

❹ 按 Ctrl+J 组合键将"形状 1"图层进行复制并按 Ctrl+T 组合键将其进行旋转，如图 2-18 所示。至此，本案例制作完成。

▲ 图2-18　最终效果

提示　一定要使用移动工具选中两个图层，然后在属性栏中单击"水平居中对齐"按钮🔲和"垂直居中对齐"按钮🔲。

2.2.2　扁平化图标的设计

本小节的实例是制作一个扁平化图标，这里主要以紫色为颜色基调，在此基础上添加一点白色，这样不但在色彩上可以丰富图标，更能使图标更加透气，如图2-19所示。

▲ 图2-19　扁平化图标案例效果展示

 绘制步骤

知识点	圆角矩形工具、渐变填充、剪贴蒙版、图层样式
文件路径	素材 \ 第 2 章 \2.2.2\ 扁平化图标的设计 .psd

❶ 新建一个尺寸大小为 600 像素 ×600 像素的空白文档。

❷ 选择圆角矩形工具▣，设置填充颜色为任意颜色、圆角的半径为 50 px，按住 Shift 键在图像窗口的中心处绘制出形状，如图 2-20 所示。

❸ 给"圆角矩形 1"添加"渐变叠加"图层样式并设置参数，如图 2-21 所示。

▲ 图 2—20　绘制形状

▲ 图 2—21　添加＂渐变叠加＂图层样式

❹ 此时的图像效果如图 2-22 所示。

❺ 选择椭圆工具 ⬭，设置其填充颜色为无、描边颜色为白色、描边宽度为 10 点。在图像窗口中按住 Shift 键后再拖动鼠标，绘制出正圆，如图 2-23 所示，并与＂圆角矩形 1＂图层进行＂水平居中对齐＂ 🔳。

▲ 图 2—22　图像效果

▲ 图 2—23　绘制正圆

❻ 在＂图层＂面板中设置＂椭圆 1＂图层的不透明度为 55%，此时的图像效果如图 2-24 所示。

❼ 给＂椭圆 1＂添加＂渐变叠加＂图层样式并设置参数，如图 2-25 所示。

▲ 图 2—24　不透明度为 55% 的图像效果

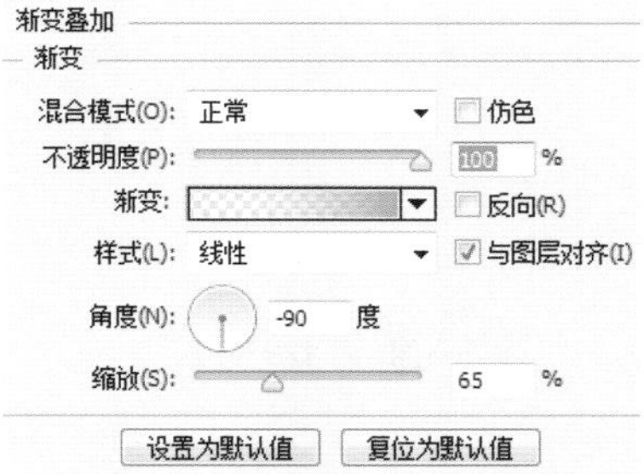

▲ 图 2—25　设置＂渐变叠加＂参数值

❽ 添加＂渐变叠加＂图层样式后的图像效果如图 2-26 所示。

❾ 按 Ctrl+J 组合键将＂椭圆 1＂图层进行复制，调整大小后与＂椭圆 1＂图层进行＂水

平居中对齐" 🔲，此时的图像效果如图 2-27 所示。

▲ 图 2-26　图像效果

▲ 图 2-27　复制图层并调整

⑩ 使用椭圆工具 🔲 在图像窗口中绘制出合适大小的形状并调整位置，如图 2-28 所示。

⑪ 使用圆角矩形工具 🔲 绘制出形状并设置填充颜色为白色，结合直接选择工具 🔲，将形状进行调整，如图 2-29 所示。

▲ 图 2-28　绘制椭圆

▲ 图 2-29　编辑并调整圆角矩形

⑫ 完成的效果如图 2-30 所示。至此，本实例制作完成。

▲ 图 2-30　图像效果

2.2.3　立体图标的设计

要想让图标变得立体，在制作的过程中就一定要对各种图层样式、蒙版等参数进行耐心的调整，本案例几乎对每一个图层都依据自身的效果进行了适当的调整，使图像变得更加生动。最后，在高光的处理上也利用图层的渐变叠加增加了精致度，最终效果如图 2-31 所示。

▲ 图 2-31　立体图标案例效果展示

━━━━━━━●　绘制步骤　●━━━━━━━

知识点	圆角矩形工具、渐变填充、剪贴蒙版、图层样式
文件路径	素材 \ 第 2 章 \2.2.3\ 立体图标的设计 .psd

❶ 新建一个尺寸大小为 600 像素 ×600 像素的文档，设置前景色为 #afd6f9，按 Alt+Delete 组合键填充背景色，如图 2-32 所示。

❷ 给背景添加"渐变叠加"图层样式并设置参数，如图 2-33 所示。

▲ 图 2-32　填充背景色

▲ 图 2-33　添加图层样式并设置参数

❸ 此时的图像效果如图 2-34 所示。

❹ 使用圆角矩形工具　在图像窗口中绘制出形状，如图 2-35 所示。

▲ 图 2-34　图像效果

▲ 图 2-35　绘制形状

❺ 给"圆角矩形 1"图层添加"斜面和浮雕"和"内阴影"图层样式并设置参数，如图 2-36 所示。

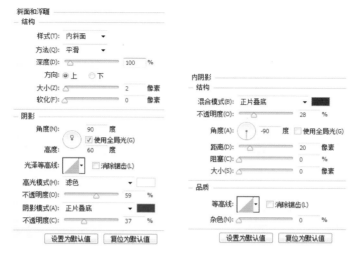

▲ 图2-36 设置"斜面和浮雕"和"内阴影"图层样式参数

❻ 继续添加"光泽"和"渐变叠加"图层样式并设置参数，如图2-37所示。

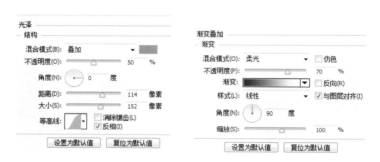

▲ 图2-37 设置"光泽"和"渐变叠加"图层样式参数

❼ 添加"投影"图层样式并设置参数，如图2-38所示，此时的图像效果如图2-39所示。

▲ 图2-38 设置"投影"图层样式参数

▲ 图2-39 图像效果

❽ 将"圆角矩形1"图层进行复制，清除原有图层样式，添加"内发光"和"渐变叠加"图层样式并设置参数，如图2-40所示。

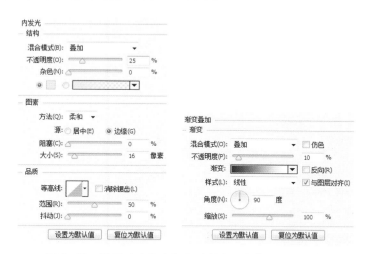

▲ 图2-40 设置"内发光"和"渐变叠加"图层样式参数

❾ 创建剪贴蒙版，此时的图像效果如图2-41所示。

❿ 使用矩形工具 📄 绘制出略大于图像的形状并创建剪贴蒙版。

⓫ 给"矩形1"图层添加"渐变叠加"图层样式并设置参数，如图2-42所示。

▲ 图2-41 图像效果

▲ 图2-42 设置"渐变叠加"图层样式参数

⓬ 此时的图像效果如图2-43所示。

⓭ 使用椭圆工具 ⬭ 在图像窗口中绘制出形状，如图2-44所示。

▲ 图2-43 图像效果

▲ 图2-44 绘制椭圆

⑭ 给"椭圆1"图层添加"斜面和浮雕"和"光泽"图层样式并设置参数，如图2-45所示。

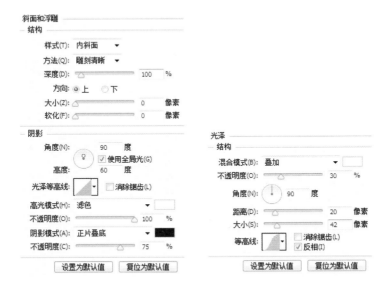

▲ 图2-45　设置"斜面和浮雕"和"光泽"图层样式参数

⑮ 继续添加"渐变叠加"图层样式，如图2-46所示，此时的图像效果如图2-47所示。

▲ 图2-46　设置"渐变叠加"图层样式参数　　　　▲ 图2-47　图像效果

⑯ 将"椭圆1"图层复制并按Ctrl+T组合键进行缩小，清除图层样式，此时的图像效果如图2-48所示。

⑰ 给"椭圆1副本"添加"描边"图层样式并设置参数，如图2-49所示。

⑱ 继续添加"内阴影"和"投影"图层样式并设置参数，如图2-50所示。

⑲ 此时的图像效果如图2-51所示。

⑳ 将"椭圆1副本"图层复制并按Ctrl+T组合键进行缩小，清除图层样式并修改填充颜色为#9ddcff，此时的图像效果如图2-52所示。

▲ 图 2-48 图像效果

▲ 图 2-49 设置"描边"图层样式参数

▲ 图 2-50 设置"内阴影"和"投影"图层样式参数

▲ 图 2-51 图像效果

▲ 图 2-52 图像效果

㉑ 给"椭圆1副本2"图层添加"斜面和浮雕""内阴影"和"描边"图层样式并设置参数，如图2-53所示。

㉒ 继续添加"内发光"和"渐变叠加"图层样式并设置参数，如图2-54所示。

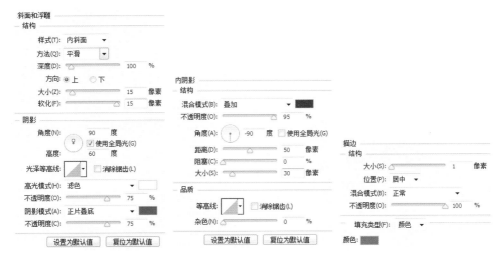

▲ 图 2-53 设置"斜面和浮雕""内阴影"和"描边"图层样式参数

▲ 图 2-54 设置"内发光"和"渐变叠加"图层样式参数

㉓ 此时的图像效果如图 2-55 所示。

㉔ 将"椭圆1副本2"图层复制，并设置填充为 0%，清除图层样式。

㉕ 给"椭圆1副本3"图层添加"内阴影"图层样式并设置参数，如图 2-56 所示。

㉖ 继续给其添加"内发光"图层样式并设置参数值，如图 2-57 所示，此时的图像效果如图 2-58 所示。

㉗ 将"椭圆1副本3"图层复制，清除图层样式并设置其填充为 0%。

㉘ 给"椭圆1副本4"图层添加"渐变叠加"图层样式并设置参数，如图 2-59 所示，设置其图层的不透明度为 30%，此时的图像效果如图 2-60 所示。

▲ 图 2-55 图像效果

▲ 图 2-56 设置 "内阴影" 图层样式参数

▲ 图 2-57 调整参数

▲ 图 2-58 图像效果

▲ 图 2-59 设置 "渐变叠加" 图层样式参数

▲ 图 2-60 图像效果

㉙ 使用椭圆工具 绘制出形状,如图 2-61 所示。

㉚ 将 "椭圆 2" 图层转换为智能对象并执行 "滤镜" | "模糊" | "高斯模糊" 命令,在弹出的 "高斯模糊" 对话框中设置参数,如图 2-62 所示。

▲ 图 2-61　绘制形状

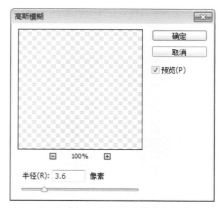

▲ 图 2-62　"高斯模糊"对话框

> 提示　绘制形状时，在绘制第二个形状前要将路径操作设置为"减去顶层形状"。

㉛ 此时的图像效果如图 2-63 所示。

㉜ 给"椭圆 2"图层添加"外发光"图层样式并设置参数，如图 2-64 所示。

▲ 图 2-63　图像效果

▲ 图 2-64　设置"外发光"图层样式参数

㉝ 此时的图像效果如图 2-65 所示。

㉞ 使用椭圆工具，设置填充与描边颜色均为无，在图像窗口中绘制出形状，如图 2-66 所示。

㉟ 给"椭圆 3"添加"渐变叠加"图层样式并设置参数，如图 2-67 所示。

㊱ 此时的图像效果如图 2-68 所示。

▲ 图 2-65　图像效果

▲ 图 2-66　绘制形状

▲ 图 2-67　设置"渐变叠加"图层样式参数

▲ 图 2-68　图像效果

㊲ 将"椭圆 1"至"椭圆 3"图层隐藏并使用椭圆工具 ，在图像窗口中绘制形状，并移至"椭圆 1"图层下方，如图 2-69 所示。

㊳ 将"椭圆 4"转换为智能对象，给"椭圆 4"图层添加"投影"图层样式并设置参数，如图 2-70 所示。

▲ 图 2-69　编辑调整图层

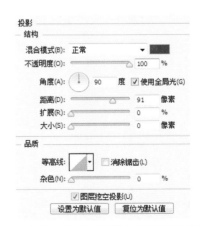

▲ 图 2-70　调整"投影"图层样式参数

㊴ 添加图层样式后的图像效果如图 2-71 所示。

㊵ 将"椭圆 4"图层的不透明度设置为 35%，此时的图像效果如图 2-72 所示。

▲ 图 2-71　图像效果

▲ 图 2-72　不透明度为 35% 的图像效果

㊶ 选中"椭圆 4"图层并执行"滤镜"｜"模糊"｜"高斯模糊"命令，在弹出的"高斯模糊"对话框中设置参数，如图 2-73 所示。

㊷ 此时的图像效果如图 2-74 所示。

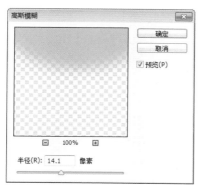

▲ 图 2-73　"高斯模糊"对话框

▲ 图 2-74　图像效果

㊸ 将"椭圆 4"图层复制并清除图层样式。

㊹ 给"椭圆 4 副本"图层添加"颜色叠加"和"投影"图层样式并设置参数，如图 2-75 所示。

▲ 图 2-75　设置"颜色叠加"和"投影"图层样式参数

㊺ 设置"椭圆 4 副本"图层的不透明度为 35%，此时的图像效果如图 2-76 所示。

㊻ 将所有图层显示，最终的图像效果如图 2-77 所示。至此，本案例制作完成。

▲ 图 2-76　不透明度为 35% 的图像效果

▲ 图 2-77　最终图像效果

2.2.4　逼真写实图标的设计

本案例是制作一个逼真写实水果图标，首先要找到猕猴桃果肉、果皮等素材图片，然后再开始制作。画面采用了淡绿色的纯色背景，使其制作的水果图标更加真实且具有食欲大增的效果，使用圆角矩形工具 ，设置图像的渐变颜色和填充参数并结合剪贴蒙版和图层样式将图标绘制得更为逼真，如图 **2-78** 所示。

▲ 图 2-78　逼真写实图标案例效果展示

◗ 绘制步骤 ◖

知识点	圆角矩形工具、渐变填充、剪贴蒙版、图层样式
文件路径	素材 \ 第 2 章 \2.2.4\ 逼真写实图标的设计 .psd

❶ 新建一个尺寸大小为 600 像素 ×600 像素的文档，设置前景色为 #e6f5df，如图 2-79 所示，按 Alt+Delete 组合键填充背景。

❷使用圆角矩形工具 ▣ 在图像窗口中绘制出形状，命名为"底"，如图2-80所示。

▲ 图2-79　新建文档　　　　　　　　　　▲ 图2-80　绘制圆角矩形

❸给"底"图层添加"投影"图层样式并设置参数，其效果如图2-81所示。

▲ 图2-81　添加图层样式及效果

❹添加"猕猴桃"素材图片，按Ctrl+Alt+G组合键创建剪贴蒙版，如图2-82所示。

❺使用矩形工具 ▣ 绘制形状，如图2-83所示。

▲ 图2-82　创建剪贴蒙版　　　　　　　　▲ 图2-83　绘制矩形

❻给矩形1添加"渐变叠加"图层样式并设置参数，如图2-84所示，设置图层的不透明度为52%，创建剪贴蒙版，此时的图像效果如图2-85所示。

▲ 图 2-84　添加"渐变叠加"图层样式并设置参数　　▲ 图 2-85　图像效果

❼ 单击"图层"面板下方的"创建新的填充或调整图层"按钮，在展开的列表中选择"曲线"选项，调整曲线，如图 2-86 所示，此时的图像如图 2-87 所示。

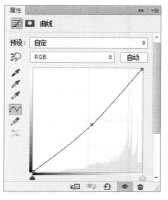

▲ 图 2-86　调整曲线

▲ 图 2-87　图像效果

❽ 继续单击"图层"面板下方的"创建新的填充或调整图层"按钮，在展开的列表中选择"自然饱和度"选项并调整参数，如图 2-88 所示。

❾ 此时的图像效果如图 2-89 所示。

▲ 图 2-88　调整自然饱和度

▲ 图 2-89　图像效果

⑩ 使用圆角矩形工具 ▣ 在图像窗口中绘制出合适大小的形状并命名为"果肉底",如图2-90所示。

⑪ 给"果肉底"图层添加"描边"图层样式并设置参数,如图2-91所示。

▲ 图2-90 绘制圆角矩形　　▲ 图2-91 添加"描边"图层样式并设置参数

⑫ 添加图层样式后的图像效果如图2-92所示。

⑬ 载入"果肉"素材图片,按Ctrl+T组合键对其进行自由变换并结合剪贴蒙版调整图像,如图2-93所示。

▲ 图2-92 图像效果　　　　▲ 图2-93 编辑与调整图片

⑭ 将"果肉底"进行复制,命名为"暗部",移至顶层。

⑮ 给"暗部"添加"内发光"图层样式并设置参数,如图2-94所示。

⑯ 此时的图像效果如图2-95所示。

▲ 图2-94 添加"内发光"图层样式并设置参数

⓱ 使用圆角矩形工具  绘制圆角矩形，设置填充颜色为 #514916，如图 2-96 所示，并将其命名为"毛"。

▲ 图 2-95　图像效果　　　　　　　　　　▲ 图 2-96　绘制形状

⓲ 将"毛"图层进行栅格化，并执行"滤镜"｜"杂色"｜"添加杂色"命令，在弹出的"添加杂色"对话框中设置参数，如图 2-97 所示。

⓳ 继续对"毛"图层执行"滤镜"｜"模糊"｜"高斯模糊"命令，在弹出的"高斯模糊"对话框中设置参数，如图 2-98 所示。

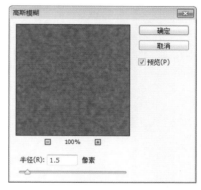

▲ 图 2-97　"添加杂色"对话框　　　　　▲ 图 2-98　"高斯模糊"对话框

⓴ 此时的图像效果如图 2-99 所示。

㉑ 对"毛"图层执行"滤镜"｜"模糊"｜"径向模糊"命令，在弹出的"径向模糊"对话框中设置参数，如图 2-100 所示。

㉒ 径向模糊后的图像效果如图 2-101 所示。

㉓ 将中间的主体部分载入后删除，选择涂抹工具 并设置其参数，如图 2-102 所示。

▲ 图2-99　图像效果

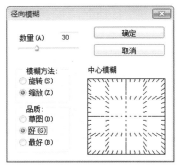

▲ 图2-100　"径向模糊"对话框

▲ 图2-101　径向模糊后的图像效果

▲ 图2-102　设置涂抹工具的参数

㉔ 按照茸毛生长的方向，在图像边缘处慢慢地涂抹，最终的效果如图2-103所示。

▲ 图2-103　最终图像效果

2.3　不同质感纹理与效果的图标设计

图标有着不同的设计风格，这也就说明各个图标的风格对应着各种质感纹理和视觉的差别。本节将介绍几种不同的图标设计，包括金属质感、玻璃质感、皮质质感、木头纹理以及发光效果等。

2.3.1　金属质感

本案例是制作一个滑动条的金属手柄。首先绘制滑动条并添加图层样式来表现出滑动条的质感，然后以滑动条为基础，在其上绘制一个正圆，利用渐变叠加图层样式等让其具有金属的色泽和效果，最后对图像进行调整，最终效果如图 2-104 所示。

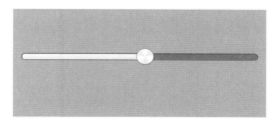

▲ 图 2-104　案例效果展示

 绘制步骤

知识点	圆角矩形工具、渐变填充、椭圆工具、剪贴蒙版、图层样式
文件路径	素材 \ 第 2 章 \2.3.1\ 金属质感 .psd

❶ 新建一个尺寸大小为 680 像素 ×300 像素的文档，设置前景色为 #92949a，如图 2-105 所示，按 Alt+Delete 组合键填充画布。

❷ 使用圆角矩形工具，绘制出一个填充色为白色、半径为最大的圆角矩形，并命名为"滑动条"，如图 2-106 所示。

▲ 图 2-105　新建文档并填充背景色

▲ 图 2-106　绘制滑动条

❸ 给"滑动条"添加"内阴影"和"颜色叠加（#191919）"图层样式并设置参数，如图 2-107 所示。

▲ 图 2-107　设置"内阴影"和"颜色叠加"图层样式参数

❹ 继续给其添加"图案叠加"和"投影"图层样式并设置参数，如图 2-108 所示。

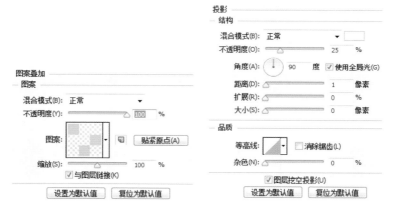

▲ 图 2-108　设置"图案叠加"和"投影"图层样式参数

❺ 添加图层样式后的图像效果如图 2-109 所示。

❻ 按 Ctrl+J 组合键，复制"滑动条"图层并命名为"滑动路线"，右击鼠标，在弹出的快捷菜单中选择"清除图层样式"命令后调整其大小，如图 2-110 所示。

▲ 图 2-109　图像效果

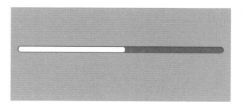

▲ 图 2-110　复制图层并调整大小

❼给"滑动路线"添加"内阴影""颜色叠加（#f0f0f0）"和"渐变叠加"图层样式并设置参数，如图 2-111 所示。

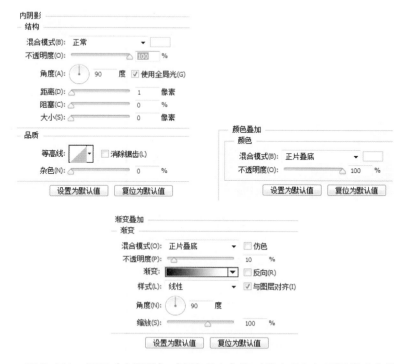

❽添加完图层样式后的图像效果如图 2-112 所示。

❾使用椭圆工具，在图像窗口中绘制一个正圆并移动到合适位置，命名为"按钮"，如图 2-113 所示。

▲ 图 2-112　图像效果	▲ 图 2-113　绘制形状并命名

❿给"按钮"添加"描边"和"内发光"图层样式并设置参数，如图 2-114 所示。

描边
结构
大小(S): ⊿ 1 像素
位置(P): 内部 ▾
混合模式(B): 正常 ▾
不透明度(O): △ 100 %

填充类型(F): 颜色 ▾
颜色:

内发光
结构
混合模式(B): 正常 ▾
不透明度(O): △ 100 %
杂色(N): △ 0 %
⊙ ○ ▾

图素
方法(Q): 柔和 ▾
源: ○ 居中(E) ⊙ 边缘(G)
阻塞(C): △ 0 %
大小(S): △ 3 像素

品质
等高线: ☐ 消除锯齿(L)
范围(R): △ 50 %
抖动(J): △ 0 %

设置为默认值   复位为默认值   设置为默认值   复位为默认值

▲ 图 2-114　设置〝描边〞和〝内发光〞图层样式参数

⑪ 添加"渐变叠加"图层样式并设置参数，如图 2-115 所示。

⑫ 添加"投影"图层样式并设置参数，如图 2-116 所示。

⑬ 最终效果如图 2-117 所示。

渐变叠加
渐变
混合模式(O): 正常 ▾ ☐ 仿色
不透明度(P): △ 15 %
渐变: ▾ ☐ 反向(R)
样式(L): 角度 ▾ ☑ 与图层对齐(I)
角度(N): 90 度
缩放(S): △ 100 %

设置为默认值   复位为默认值

渐变类型(T): 实底 ▾
平滑度(M): 100 ▸ %

色标
不透明度: ▸ % 位置: % 删除(D)
颜色: ▸ 位置(C): 35 % 删除(D)

▲ 图 2-115　设置〝渐变叠加〞图层样式参数

投影
结构
混合模式(B): 正常 ▾
不透明度(O): △ 25 %
角度(A): 90 度 ☑ 使用全局光(G)
距离(D): △ 1 像素
扩展(R): △ 0 %
大小(S): △ 3 像素

品质
等高线: ▾ ☐ 消除锯齿(L)
杂色(N): △ 0 %

☑ 图层挖空投影(U)
设置为默认值   复位为默认值

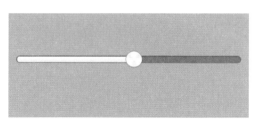

▲ 图 2-116　设置〝投影〞图层样式参数　　　▲ 图 2-117　最终效果

2.3.2　玻璃质感

接下来制作一个玻璃质感的云图标，玻璃材质主要是通过给图层添加各种图层样式，如内发光、外发光、投影等来体现的，然后结合图层的不透明度来增加对象的通透感，案例效果如图 2-118 所示。

▲ 图 2—118　案例效果展示

需要注意的是，各项图层样式的参数一定要根据所绘制的对象的具体大小来设置，切不可生搬硬套，详细的制作步骤如下。

━━●▬ 绘制步骤 ▬●━━

知识点	圆角矩形工具、椭圆工具、图层样式
文件路径	素材 \ 第 2 章 \2.3.2\ 玻璃质感 .psd

❶ 新建一个尺寸大小为 1280 像素 ×1024 像素的文档，添加"背景"图片，如图 2-119 所示。

❷ 使用圆角矩形工具▣和椭圆工具◉，并结合直接选择工具▶₊绘制出云的形状，命名为"云"，如图 2-120 所示。

▲ 图 2—119　新建文档

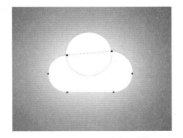

▲ 图 2—120　绘制形状

❸ 给"云"图层添加"内阴影"图层样式并调整参数，如图 2-121 所示。

❹ 在"图层"面板中设置图层的填充为 0%，此时的图像效果如图 2-122 所示。

▲ 图 2-121 设置"内阴影"图层样式参数　　　　▲ 图 2-122 图像效果

❺ 使用多边形工具，设置边数为 3，在设置属性中选中"平滑拐角"复选框，在图像窗口中绘制出形状，命名为"阴影"，如图 2-123 所示。

❻ 使用直接选择工具对"阴影"进行编辑调整，调整后的图像如图 2-124 所示。

▲ 图 2-123 绘制形状　　　　　　　▲ 图 2-124 调整多边形

❼ 将"阴影"图层转化为智能对象，执行"滤镜"｜"模糊"｜"高斯模糊"命令，在打开的"高斯模糊"对话框中设置参数，如图 2-125 所示。

❽ 高斯模糊后的图像效果如图 2-126 所示。

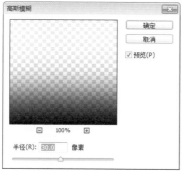

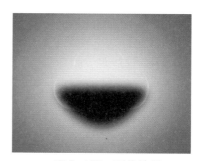

▲ 图 2-125 "高斯模糊"对话框　　　　　▲ 图 2-126 图像效果

❾ 给"阴影"图层添加图层蒙版。

❿ 选择"云"图层，按 Ctrl+Enter 组合键将图像转化为选区，单击"阴影"蒙版缩略图，按 Ctrl 键单击图层缩览图，载入选区，填充前景色为黑色，如图 2-127 所示。

⓫ 使用椭圆工具绘制正圆,设置填充色为白色到透明的径向渐变,如图2-128所示。

▲ 图2-127 填充前景色

▲ 图2-128 渐变填充

⓬ 将其转换为智能对象,双击进入智能对象,设置填充为71%。保存后回到主文档,执行"高斯模糊"命令,在打开的"高斯模糊"对话框中设置参数,如图2-129所示。最后添加图层蒙版。

⓭ 复制"云"图层,置于最上层并清除图层样式,如图2-130所示。

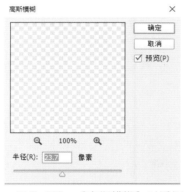

▲ 图2-129 "高斯模糊"对话框

▲ 图2-130 清除图层样式

⓮ 设置图层的填充为0%,添加"内阴影"图层样式并设置参数,如图2-131所示。

⓯ 添加 "内发光"图层样式并设置参数,如图2-132所示。

▲ 图2-131 设置"内阴影"图层样式参数

▲ 图2-132 设置"内发光"参数

⓰ 此时的图像效果如图 2-133 所示。

⓱ 使用自定形状工具 中的"箭头 9"，设置填充颜色为 #f33fa3，在图像窗口中绘制出形状并按 Ctrl+T 组合键进行自由变换，命名为"箭头"，如图 2-134 所示。

▲ 图 2-133　图像效果

▲ 图 2-134　绘制形状并自由变换

⓲ 给"箭头"图层添加"内阴影"图层样式，如图 2-135 所示。

▲ 图 2-135　设置"内阴影"图层样式参数

⓳ 给"箭头"图层添加"渐变叠加"和"外发光"图层样式并设置参数，如图 2-136 所示。

▲ 图 2-136　设置"渐变叠加"和"外发光"图层样式参数

⓴ 给"箭头"图层添加"投影"图层样式并设置参数，此时的效果如图 2-137 所示。

▲ 图 2—137　设置"投影"图层样式参数及图像效果

㉑ 将"箭头"图层复制，命名为"阴影"并置于"箭头"图层下方，移动位置，如图 2-138 所示。

㉒ 清除"阴影"的图层样式并修改形状颜色，如图 2-139 所示。

▲ 图 2—138　复制并移动图层　　　　　▲ 图 2—139　　清除图层样式后的效果

㉓ 将其转换为智能对象，双击进入智能对象，设置填充为 10%，保存后主文档的图像效果如图 2-140 所示。

▲ 图 2—140　图像效果

㉔ 给"阴影"图层添加"渐变叠加"图层样式并设置参数，如图 2-141 所示。

㉕ 执行"滤镜"｜"模糊"｜"高斯模糊"命令，在打开的"高斯模糊"对话

框中设置参数，如图 2-142 所示。

▲ 图 2—141　设置"渐变叠加"图层样式参数　　▲ 图 2—142　"高斯模糊"对话框

㉖ 高斯模糊后的图像效果如图 2-143 所示。

㉗ 使用钢笔工具 绘制形状并命名为"亮部"，设置填充为 0%，如图 2-144 所示。

▲ 图 2—143　图像效果　　　　　　　　▲ 图 2—144　绘制形状

㉘ 给"亮部"图层添加"渐变叠加"图层样式并设置参数，如图 2-145 所示。

㉙ 此时的图像效果如图 2-146 所示。

㉚ 使用椭圆工具 绘制出形状，接着使用钢笔工具 绘制出形状，如图 2-147 所示。

▲ 图 2—145　设置"渐变叠加"图层样式参数

▲ 图 2-146　图像效果

▲ 图 2-147　绘制形状

㉛ 使用椭圆工具 ⬭ 绘制一个正圆并命名为"高光 1"，如图 2-148 所示。

㉜ 给"高光 1"添加"外发光"图层样式，效果如图 2-149 所示。

▲ 图 2-148　绘制正圆

▲ 图 2-149　添加"外发光"图层样式

㉝ 按照"高光 1"的绘制方法绘制出其他高光，如图 2-150 所示。

㉞ 至此，本例制作完成，最终的图像效果如图 2-151 所示。

▲ 图 2-150　绘制其他高光

▲ 图 2-151　最终图像

2.3.3　皮质质感

　　本小节主要是利用图层样式的叠加以及编辑绘制一个皮质质感的图标，然后给图标上的图形添加"斜面和浮雕"图层样式，从而使图标变得更为逼真和更有立体感，如图 2-152 所示。

▲ 图 2-152　皮质质感图标

● 绘制步骤 ●

知识点	圆角矩形工具、椭圆工具、图层样式
文件路径	素材\第2章\2.3.3\皮质质感.psd

❶ 新建一个尺寸大小为 400 像素 ×400 像素的文档，设置前景色为黑色，按 Alt+Delete 组合键填充背景，如图 2-153 所示。

❷ 使用矩形工具▣在图像窗口中绘制出与背景大小一致的形状。

❸ 给"矩形 1"添加"渐变叠加"图层样式并设置参数，如图 2-154 所示。

▲ 图 2-153　新建文档　　　　▲ 图 2-154　设置"渐变叠加"图层样式参数

❹ 添加完图层样式后的图像效果如图 2-155 所示。

❺ 使用圆角矩形工具▣绘制圆角矩形，设置半径为 25 像素、形状填充类型为"渐变"并设置参数值，如图 2-156 所示。

▲ 图 2-155　图像效果　　　　▲ 图 2-156　设置"渐变"参数

❻ 此时的图像效果如图 2-157 所示。

❼ 导入"皮质"素材图片并添加剪贴蒙版，此时的图像效果如图 2-158 所示。

❽ 给"皮质"图层执行"滤镜"|"锐化"|"USB 锐化"命令，在打开的"USM 锐化"对话框中设置参数，如图 2-159 所示，此时的图像效果如图 2-160 所示。

▲ 图 2-157　图像效果

▲ 图 2-158　图像效果

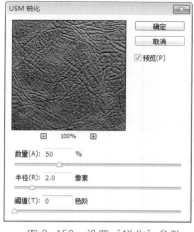

▲ 图 2-159　设置"锐化"参数

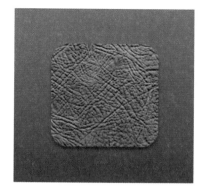

▲ 图 2-160　图像效果

⑨ 将"皮质"图层的混合模式设置为"叠加"，填充设置为80%，此时的图像效果如图2-161所示。

⑩ 使用多边形工具 ，设置边数为5，绘制出五角星形状，如图2-162所示。

▲ 图 2-161　图像效果

▲ 图 2-162　绘制五角星

⑪ 设置"多边形1"图层的混合模式为"线性加深"、填充为65%，此时的图像效果如图2-163所示。

▲ 图 2-163　图像效果

⑫ 给"多边形 1"图层添加"斜面和浮雕"和"内阴影"图层样式并调整参数，如图 2-164 所示。

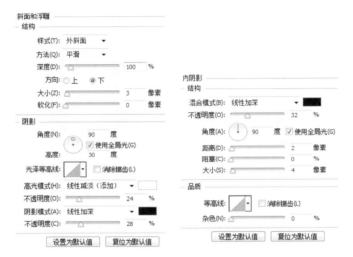

▲ 图 2-164　调整"斜面和浮雕"和"内阴影"图层样式参数

⑬ 添加"内发光"和"渐变叠加"图层样式并设置参数，如图 2-165 所示。

▲ 图 2-165　设置"内发光"和"渐变叠加"图层样式参数

⑭ 添加"外发光"图层样式，此时的图像效果如图 2-166 所示。至此，本案例制作完成。

▲ 图 2-166 设置"外发光"图层样式参数及最终图像效果

2.3.4 木头纹理

本小节制作一个木头纹理的图标，首先要下载一些木纹素材的图片，然后在图像窗口中通过擦除、剪贴蒙版、调整图层等使纹理更加自然，最后添加各种图层样式并进行调整来增加图标的逼真度，案例效果如图 2-167 所示。

▲ 图 2-167 案例效果展示

──◖ 绘制步骤 ◗──

知识点	圆角矩形工具、椭圆工具、图层样式
文件路径	素材 \ 第 2 章 \2.3.4\ 木头纹理 .psd

❶ 新建一个尺寸大小为 1280 像素 ×1024 像素的文档，设置前景色为 #441e17，如图 2-168 所示，按 Alt+Delete 组合键填充背景。

❷ 使用椭圆工具 ◖◗ 绘制出形状，设置填充色为黑色、图层填充为 40%，并命名为"圆 1"，如图 2-169 所示。

▲ 图 2-168　新建文档

▲ 图 2-169　绘制"圆1"

❸ 将"圆1"图层进行栅格化，执行"滤镜"｜"模糊"｜"高斯模糊"命令，在打开的"高斯模糊"对话框中设置参数，如图 2-170 所示。

❹ 此时的图像效果如图 2-171 所示。

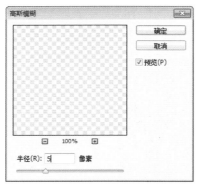

▲ 图 2-170　"高斯模糊"对话框

▲ 图 2-171　图像效果

❺ 给"圆1"图层添加"斜面和浮雕"和"颜色叠加"图层样式并设置参数，如图 2-172 所示。

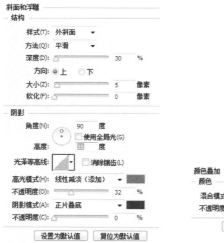

▲ 图 2-172　设置"斜面和浮雕"和"颜色叠加"图层样式参数

⑥ 继续给"圆1"图层添加"外发光"图层样式并设置其参数值，如图2-173所示，此时的图像效果如图2-174所示。

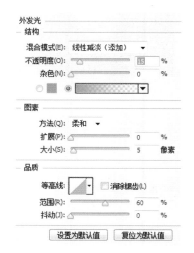

▲ 图2-173　设置"外发光"图层样式参数　　　　▲ 图2-174　图像效果

⑦ 绘制一个小于圆1的圆并命名为"圆2"，单击椭圆工具 ◼ 修改填充颜色为 #c37b2e，如图2-175所示。

⑧ 给"圆2"图层添加"斜面和浮雕"图层样式并设置参数，如图2-176所示。

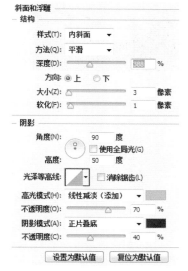

▲ 图2-175　绘制"圆2"　　　▲ 图2-176　设置"斜面和浮雕"图层样式参数

⑨ 继续添加"内阴影"图层样式并设置参数，如图2-177所示，此时的图像效果如图2-178所示。

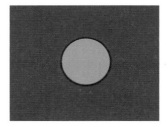

▲ 图 2-177　设置"内阴影"图层样式参数　　　　▲ 图 2-178　图像效果

⑩ 将"圆 2"图层复制并调整形状大小，命名为"圆 3"，如图 2-179 所示，修改颜色为 #d2a957。

⑪ 给"圆 3"图层添加"斜面和浮雕"图层样式，如图 2-180 所示。

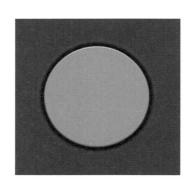

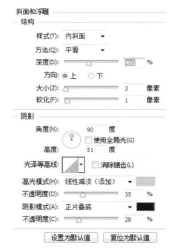

▲ 图 2-179　复制并调整图层　　　　▲ 图 2-180　设置"斜面和浮雕"图层样式参数

⑫ 继续修改"内阴影"样式并添加"外发光"图层样式，如图 2-181 所示。

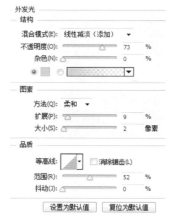

▲ 图 2-181　设置"内阴影"和"外发光"图层样式参数

⓭ 添加图层样式后设置填充为 0%，图像效果如图 2-182 所示。

⓮ 将"圆 3"图层进行复制并清除图层样式，命名为"圆 4"。

⓯ 给"圆 4"图层添加"斜面和浮雕"图层样式并设置参数，如图 2-183 所示。

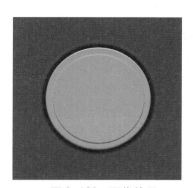

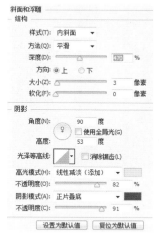

▲ 图 2-182　图像效果　　　　　▲ 图 2-183　设置"斜面和浮雕"图层样式参数

⓰ 继续给"圆 4"图层添加"渐变叠加"图层样式并设置参数，如图 2-184 所示。

▲ 图 2-184　设置"渐变叠加"图层样式参数

⓱ 给"圆 4"图层添加"投影"图层样式，此时的图像效果如图 2-185 所示。

▲ 图 2-185　图像效果

⑱ 添加"木纹"素材图片到文档中，并给其添加图层蒙版，按 Ctrl+Delete 组合键将"圆 4"以外填充为背景色（黑色），如图 2-186 所示。

⑲ 设置"木纹"图层的混合模式为"正片叠底"，此时的图像效果如图 2-187 所示。

▲ 图 2-186　添加矢量蒙版

▲ 图 2-187　图像效果

⑳ 使用圆角矩形工具 在图像窗口中绘制出形状，命名为"指示条"并按 Ctrl+T 组合键进行自由变换，设置填充为 0%，如图 2-188 所示。

㉑ 给"指示条"图层添加"斜面和浮雕"图层样式并调整参数，如图 2-189 所示。

▲ 图 2-188　绘制形状并自由变换

▲ 图 2-189　设置"斜面和浮雕"图层样式参数

㉒ 继续给"指示条"图层添加"内阴影"和"颜色叠加"图层样式并设置参数，如图 2-190 所示。

㉓ 此时的图像效果如图 2-191 所示。

㉔ 使用椭圆工具 绘制一个和"圆 4"一样大小的形状，设置填充类型为"渐变"并设置参数，如图 2-192 所示。

▲ 图 2-190 设置 "内阴影" 和 "颜色叠加" 图层样式参数

▲ 图 2-191 图像效果

▲ 图 2-192 设置填充类型

㉕ 设置好参数后将此图层命名为 "圆 5", 此时的图像效果如图 2-193 所示。

㉖ 将 "圆 5" 图层的混合模式设置为 "叠加", 并设置图层的填充为 18%, 此时的图像效果如图 2-194 所示。

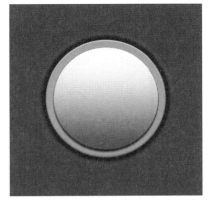

▲ 图 2-193 图像效果

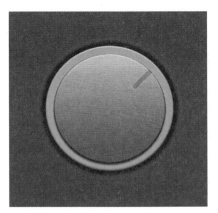

▲ 图 2-194 图像效果

㉗ 使用椭圆工具  在图像窗口中绘制形状并设置填充色为白色，命名为"点"，如图 2-195 所示。

㉘ 设置填充为 0%，给"点"图层添加"斜面和浮雕"图层样式并设置参数，如图 2-196 所示。

▲ 图 2-195　绘制形状

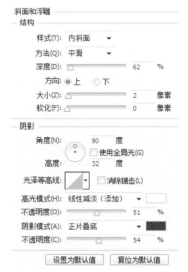

▲ 图 2-196　设置"斜面和浮雕"图层样式参数

㉙ 继续添加"颜色叠加"（设置颜色为 #df935a）图层样式并设置参数，如图 2-197 所示。

㉚ 此时的图像效果如图 2-198 所示。

㉛ 将"点"图层进行复制并移动到合适位置，至此本实例完成，最终效果如图 2-199 所示。

▲ 图 2-197　设置"颜色叠加"图层样式参数

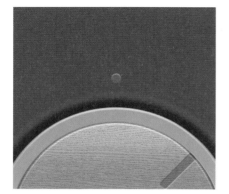

▲ 图 2-198　图像效果

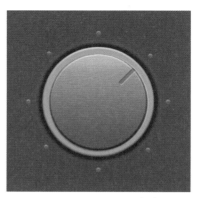

▲ 图 2-199　最终图像效果

2.3.5 发光效果

本小节制作一个有金属质感和发光效果的图标，在处理质感方面按照之前绘制金属图标的方法调整参数即可，在制作发光效果时，充分利用径向式的渐变叠加并结合调整图层的填充来加强图像的发光效果，案例效果如图 2-200 所示。

▲ 图 2-200　案例效果展示

━━━━━━━━━━● 绘制步骤 ●━━━━━━━━━━

知识点	圆角矩形工具、渐变填充、剪贴蒙版、图层样式
文件路径	素材 \ 第 2 章 \2.3.5\ 发光效果 .psd

❶ 新建一个尺寸大小为 600 像素 ×600 像素的空白文档，使用圆角矩形工具⬛并设置填充颜色，在图像窗口中绘制出形状，如图 2-201 所示。

❷ 将"圆角矩形 1"图层转换为智能对象并执行"滤镜"｜"模糊"｜"高斯模糊"命令，在打开的"高斯模糊"对话框中设置参数，如图 2-202 所示。

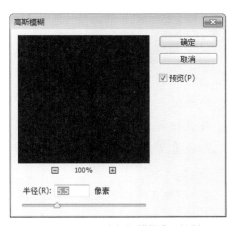

▲ 图 2-201　绘制圆角矩形　　　　▲ 图 2-202　"高斯模糊"对话框

❸ 给"圆角矩形 1"添加"投影"图层样式并设置参数，如图 2-203 所示，此时的图像效果如图 2-204 所示。

▲ 图 2-203　添加"投影"图层样式　　　　▲ 图 2-204　图像效果

❹ 使用圆角矩形工具█在图像窗口中绘制形状，如图 2-205 所示。

❺ 给"圆角矩形 2"添加"内阴影"图层样式并设置参数，如图 2-206 所示。

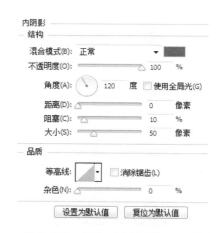

▲ 图 2-205　绘制形状　　　　▲ 图 2-206　添加"内阴影"图层样式

❻ 继续添加"渐变叠加"图层样式并设置参数，如图 2-207 所示。

❼ 此时的图像效果如图 2-208 所示。

❽ 使用圆角矩形工具█并设置填充颜色，在图像窗口中绘制出合适大小的形状，如图 2-209 所示。

❾ 给"圆角矩形 3"添加"斜面和浮雕""描边"和"内阴影"图层样式并设置参数，如图 2-210 所示。

▲ 图 2-207 设置"渐变叠加"图层样式参数

▲ 图 2-208 图像效果

▲ 图 2-209 绘制形状

▲ 图 2-210 设置"斜面和浮雕""描边"和"内阴影"图层样式参数

⑩ 继续给其添加"内发光""渐变叠加"和"投影"图层样式并设置参数,如图 2-211 所示。

▲ 图 2—211　设置〝内发光〞〝渐变叠加〞和〝投影〞图层样式参数

⓫ 此时的图像效果如图 2-212 所示。

⓬ 使用圆角矩形工具 ▣ 绘制出形状并调整位置，如图 2-213 所示。

▲ 图 2—212　图像效果

▲ 图 2—213　绘制形状

⓭ 给"圆角矩形 4"图层添加"内阴影"和"内发光"图层样式并设置参数，如图 2-214 所示。

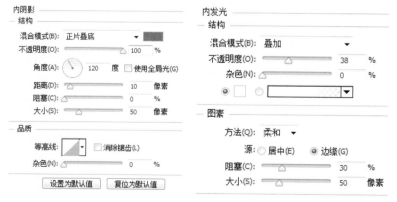

▲ 图 2—214　设置〝内阴影〞和〝内发光〞图层样式参数

⓮ 继续添加"渐变叠加"图层样式并调整参数，如图 2-215 所示。

▲ 图 2-215　设置"渐变叠加"图层样式参数

⓯ 添加"投影"图层样式并设置参数，如图 2-216 所示，此时的图像效果如图 2-217 所示。

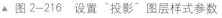

▲ 图 2-216　设置"投影"图层样式参数　　　　▲ 图 2-217　图像效果

⓰ 使用圆角矩形工具 在图像窗口中绘制出形状，如图 2-218 所示。

▲ 图 2-218　绘制形状

⓱ 给"圆角矩形 5"添加"描边"和"内阴影"图层样式并设置参数，如图 2-219 所示。

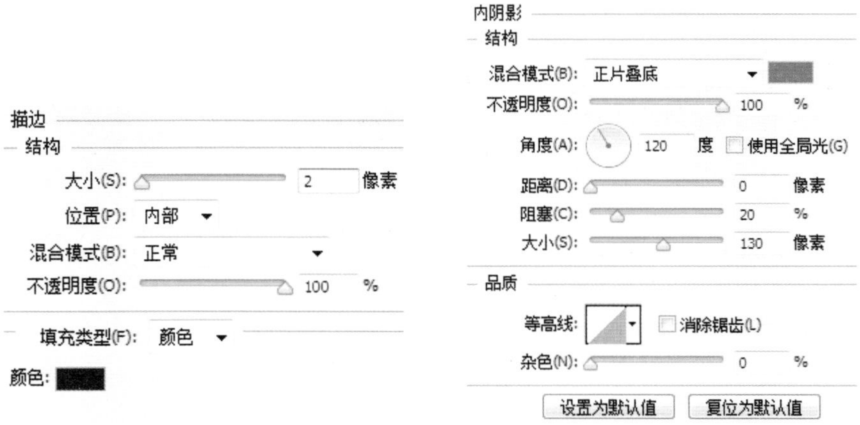

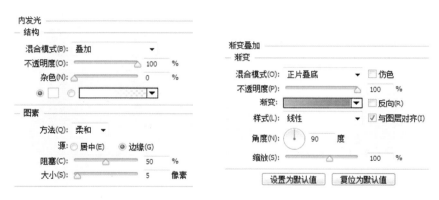

▲ 图 2-219　设置"描边"和"内阴影"图层样式参数

⓲ 继续添加"内发光"和"渐变叠加"图层样式并设置参数，如图 2-220 所示。

▲ 图 2-220　设置"内发光"和"渐变叠加"图层样式参数

⓳ 给"圆角矩形 5"图层添加"投影"图层样式并设置参数，如图 2-221 所示，此时的图像效果如图 2-222 所示。

▲ 图 2-221　设置"投影"图层样式参数

▲ 图 2-222　图像效果

⓴ 使用圆角矩形工具 ▣ 绘制出形状，如图 2-223 所示。

㉑ 给"圆角矩形 6"图层添加"内阴影"图层样式并设置参数，如图 2-224 所示。

▲ 图 2-223　绘制形状　　　　　　▲ 图 2-224　设置＂内阴影＂图层样式参数

㉒ 继续添加"渐变叠加"图层样式并设置参数值，如图 2-225 所示。

▲ 图 2-225　设置＂渐变叠加＂图层样式参数

㉓ 此时的图像效果如图 2-226 所示。

㉔ 使用椭圆工具██绘制出形状，如图 2-227 所示。

▲ 图 2-226　图像效果　　　　　　▲ 图 2-227　绘制形状

㉕ 给"椭圆 1"图层添加"渐变叠加"图层样式并设置参数，如图 2-228 所示。

㉖ 设置"椭圆 1"图层的填充为 0%，此时的图像效果如图 2-229 所示。

▲ 图 2—228 设置〝渐变叠加〞图层样式参数　　　▲ 图 2—229 图像效果

㉗ 使用圆角矩形在图像窗口中绘制出形状，如图 2-230 所示。

㉘ 给"圆角矩形 7"添加"渐变叠加"图层样式并设置参数，如图 2-231 所示。

▲ 图 2—230 绘制形状　　　▲ 图 2—231 设置〝渐变叠加〞图层样式参数

㉙ 继续添加"投影"图层样式并设置参数，如图 2-232 所示。

㉚ 将"圆角矩形 7"图层的填充设置为 0%，此时的图像效果如图 2-233 所示。

▲ 图 2—232 设置〝投影〞图层样式参数　　　▲ 图 2—233 图像效果

㉛ 使用椭圆工具 绘制出形状，如图 2-234 所示。

㉜ 给"椭圆 2"图层添加"渐变叠加"图层样式并设置参数，如图 2-235 所示。

▲ 图 2-234　绘制形状　　　　　　　　▲ 图 2-235　设置"渐变叠加"图层样式参数

㉝ 继续给其添加"外发光"图层样式并设置参数，如图 2-236 所示，设置填充为 0%，此时的图像效果如图 2-237 所示。

▲ 图 2-236　设置"外发光"图层样式参数　　　　　▲ 图 2-237　图像效果

㉞ 使用圆角矩形工具 绘制出形状，将路径设置为"减去顶层形状"再绘制出一个圆角矩形，如图 2-238 所示。

▲ 图 2-238　绘制形状

㉟ 给其添加"渐变叠加"图层样式并设置参数，如图 2-239 所示。

▲ 图 2-239　设置"渐变叠加"图层样式参数

㊱ 设置填充为 0%，此时的图像效果如图 2-240 所示。

㊲ 使用椭圆工具 ⬤ 绘制形状，如图 2-241 所示。

▲ 图 2-240　图像效果　　　　　　▲ 图 2-241　绘制形状

㊳ 给其添加"渐变叠加"和"外发光"图层样式并设置参数，如图 2-242 所示。

▲ 图 2-242　设置"渐变叠加"和"外发光"图层样式参数

㊴ 设置图层的填充为 50%，此时的图像效果如图 2-243 所示。

㊵ 使用椭圆工具 ⬤ 绘制形状并设置其图层的不透明度为 65%，如图 2-244 所示。

▲ 图 2-243　图像效果

▲ 图 2-244　绘制形状并调整

㊶ 给"椭圆 4"图层添加"渐变叠加"图层样式并设置参数，如图 2-245 所示。

㊷ 将其填充设置为 0%，此时的图像效果如图 2-246 所示。

▲ 图 2-245　设置"渐变叠加"图层样式参数　　　　　　▲ 图 2-246　图像效果

㊸ 给"椭圆 2"图层添加蒙版并编辑，如图 2-247 所示。

㊹ 至此，本实例制作完成，最终效果如图 2-248 所示。

▲ 图 2-247　添加蒙版

▲ 图 2-248　案例效果

2.4 应用图标设计

什么是应用图标呢？就是在移动端中系统自带的 APP 图标，如天气、日历、计算器等，本节将制作一些应用图标。

2.4.1 日历图标

本小节制作一个日历应用图标，在制作过程中主要使用圆角矩形工具和椭圆工具以及剪贴蒙版等，最终的效果如图 2-249 所示。

▲ 图 2-249　日历图标

● 绘制步骤 ●

知识点	圆角矩形工具、渐变填充、剪贴蒙版、图层样式
文件路径	素材 \ 第 2 章 \2.4.1\ 日历图标 .psd

❶ 新建一个尺寸大小为 600 像素 ×600 像素的空白文档，双击图层，命名为"背景"，如图 2-250 所示。

❷ 添加背景素材，图像效果如图 2-251 所示。

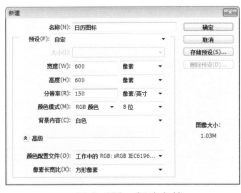

▲ 图 2-250　新建文档

▲ 图 2-251 图像效果

❸ 使用圆角矩形工具在图像窗口中绘制出形状并设置其属性，如图 2-252 所示。

❹ 此时的图像效果如图 2-253 所示。

❺ 按 Ctrl+J 组合键将"圆角矩形 1"图层进行复制，并按 Ctrl+T 组合键对其进行自由变换，调整位置后的图像效果如图 2-254 所示。

❻ 设置填充颜色为蓝色，此时的图像效果如图 2-255 所示。

▲ 图 2-252　设置属性

▲ 图 2-253　图像效果

▲ 图 2-254　复制并调整图层

▲ 图 2-255　图像效果

⑦ 使用椭圆工具 ● 在图像窗口中绘制形状，如图 2-256 所示。

⑧ 使用圆角矩形工具 ● 绘制形状，此时的图像如图 2-257 所示。

▲ 图 2-256　绘制形状

▲ 图 2-257　图像效果

⑨ 将"椭圆 1"和"圆角矩形 2"两个图层同时选中，右击，从弹出的快捷菜单中选择"复制图层"命令。

⑩ 调整"椭圆 1 拷贝"和"圆角矩形 2 拷贝"两个图层的位置，此时图像效果

如图 2-258 所示。

⓫ 使用文字横排工具在图像窗口中输入文字，如图 2-259 所示。至此，本实例制作完成。

▲ 图 2-258　调整位置

▲ 图 2-259　输入文字

2.4.2　邮件图标

本小节制作一个邮件应用图标，主要使用圆角矩形等形状工具并结合直接选择工具，对形状进行调整，最终图像效果如图 2-260 所示。

▲ 图 2-260　最终图像效果

●──── 绘制步骤 ────●

知识点	圆角矩形工具、渐变填充、剪贴蒙版、图层样式
文件路径	素材 \ 第 2 章 \2.4.2\ 邮件图标 .psd

❶ 新建一个尺寸大小为 600 像素 ×600 像素的空白文档，如图 2-261 所示。

❷ 添加背景素材，图像效果如图 2-262 所示。

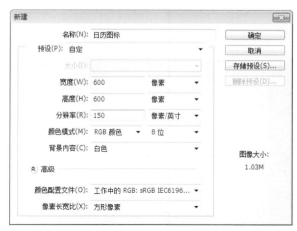

▲ 图 2—261　新建文档

▲ 图 2—262　图像效果

❸ 使用圆角矩形工具 ▣ 在图像窗口中绘制圆角矩形，如图 2-263 所示。

❹ 设置圆角矩形 1 的属性参数，如图 2-264 所示。

▲ 图 2—263　绘制圆角矩形

▲ 图 2—264　设置属性

❺ 此时的图像效果如图 2-265 所示。

❻ 使用添加锚点工具给形状添加锚点，如图 2-266 所示。

▲ 图 2—265　图像效果

▲ 图 2—266　添加锚点

❼ 使用直接选择工具 对形状进行调整，如图 2-267 所示。

❽ 使用矩形工具绘制矩形，如图 2-268 所示。

▲ 图 2-267　调整图形

▲ 图 2-268　绘制矩形

❾ 按 Ctrl+T 组合键将形状进行自由变换，旋转 45°，如图 2-269 所示。

❿ 使用直接选择工具 对形状进行调整，如图 2-270 所示。

▲ 图 2-269　旋转图形

▲ 图 2-270　调整图形

⓫ 使用矩形工具在图像窗口中绘制矩形，如图 2-271 所示。

⓬ 使用直接选择工具 对"矩形 2"进行形状调整，如图 2-272 所示。

▲ 图 2-271　绘制矩形

▲ 图 2-272　调整矩形

⓭ 使用多边形工具绘制多边形，如图 2-273 所示。

⓮ 使用直接选择工具 ▶₊ 对其进行调整，完成后的最终效果如图 2-274 所示。

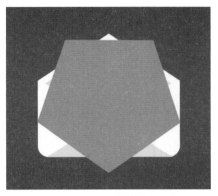

▲ 图 2-273　绘制多边形

▲ 图 2-274　最终效果

2.4.3　计算器图标

　　本小节制作一个计算器应用图标，涉及的知识点并不多，在制作的过程中主要是通过调整半径值绘制不同的圆角矩形，同时添加"投影"图层样式来组合图标，最后给图层设置不透明度来增加图像的丰富度，最终效果如图 **2-275** 所示。

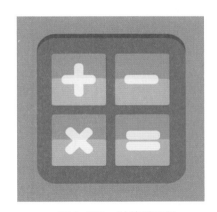

▲ 图 2-275　计算器图标

━━ ◖ 绘制步骤 ◗ ━━

知识点	圆角矩形工具、图层样式
文件路径	素材 \ 第 2 章 \2.4.3\ 计算器图标 .psd

　　❶ 新建一个尺寸大小为 600 像素 ×600 像素的文档，设置前景色为 #818590，按 Alt+Delete 组合键填充背景，如图 2-276 所示。

❷ 使用圆角矩形工具 ，设置填充颜色为 #40444d，在图像窗口中绘制出形状，如图 2-277 所示。

▲ 图 2-276 新建文档

▲ 图 2-277 绘制圆角矩形

❸ 将"圆角矩形 1"图层复制并调整大小与颜色，如图 2-278 所示。

❹ 使用圆角矩形工具 ，设置填充颜色为 #828992，调整半径大小，在图像窗口中绘制出形状，如图 2-279 所示。

▲ 图 2-278 复制图层并调整大小

▲ 图 2-279 绘制圆角矩形

❺ 给"圆角矩形 2"图层添加"投影"图层样式并设置参数，如图 2-280 所示。

❻ 此时的图像效果如图 2-281 所示。

❼ 将"圆角矩形 2"进行复制并移动位置，如图 2-282 所示。

❽ 给"圆角矩形 2 拷贝 3"图层添加"颜色叠加"图层样式并设置参数，如图 2-283 所示。

❾ 此时的图像效果如图 2-284 所示。

❿ 使用圆角矩形工具 绘制出相应的形状，如图 2-285 所示。

▲ 图 2-280　添加"投影"图层样式参数

▲ 图 2-281　图像效果

▲ 图 2-282　复制并移动图形

▲ 图 2-283　添加"颜色叠加"图层样式

▲ 图 2-284　图像效果

▲ 图 2-285　绘制形状

⑪ 将"圆角矩形3"复制，按Ctrl+T组合键旋转90°，如图2-286所示。将"圆角矩形3"和"圆角矩形3拷贝"建组并命名为"+"。

⑫ 将"圆角矩形3"进行复制并移动位置，命名该图层为"-"，如图2-287所示。

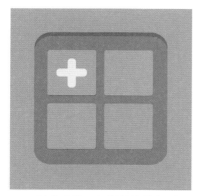

▲ 图 2—286　复制并旋转矩形

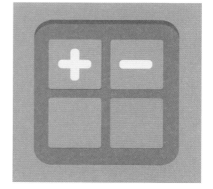

▲ 图 2—287　复制图形并调整位置

⓭ 将"+"组复制并移动位置，按 Ctrl+T 组合键进行自由变换，此时的图像效果如图 2-288 所示。

⓮ 将"圆角矩形 3 拷贝 2"进行复制并移动位置，如图 2-289 所示。

▲ 图 2—288　图像效果

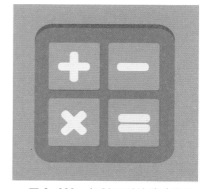

▲ 图 2—289　复制图形并移动位置

⓯ 使用圆角矩形工具 在图像窗口中绘制出合适大小的形状，如图 2-290 所示。

⓰ 设置"圆角矩形 4"图层的不透明度为 25%，此时的图像效果如图 2-291 所示。

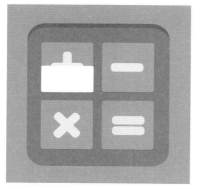

▲ 图 2—290　绘制形状

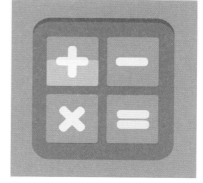

▲ 图 2—291　图像效果

⑰将"圆角矩形4"进行复制并移动到合适位置，此时的图像效果如图2-292所示。至此，本案例制作完成。

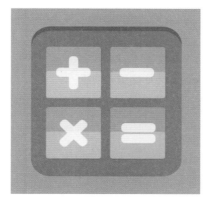

▲ 图2-292　最终图像效果

2.5　功能图标设计

功能图标指的是移动端中有功能指示性的图标，如信号图标、电源图标、无线图标等。那么本节就来制作一个WiFi图标。本案例涉及的知识点并不多，在制作的过程中主要是通过调整半径值绘制不同的圆形，然后再结合钢笔工具绘制WiFi的其他部分，最终效果如图2-293所示。

▲ 图2-293　WiFi图标

● 绘制步骤 ●

知识点	圆角矩形工具、图层样式
文件路径	素材 \ 第 2 章 \2.5.1\WiFi 图标 .psd

❶ 新建一个尺寸大小为 600 像素 ×600 像素的文档，如图 2-294 所示，设置前景色为 #204f79，按 Alt+Delete 组合键填充背景。

❷ 使用椭圆工具，按住 Shift 键在图像窗口中绘制正圆，如图 2-295 所示。

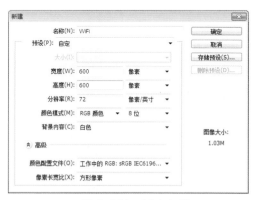

▲ 图 2-294　新建文档

▲ 图 2-295　绘制正圆

❸ 使用椭圆工具再绘制一个较小的正圆，如图 2-296 所示。

❹ 按 Ctrl+J 组合键对小正圆进行复制并移动到合适位置，如图 2-297 所示。

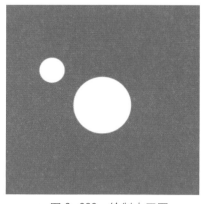

▲ 图 2-296　绘制小正圆

▲ 图 2-297　复制小正圆

❺ 执行"视图"｜"标尺"命令，从标尺上拖出参考线，如图 2-298 所示，以方便接下来自由形状的绘制。

❻ 使用钢笔工具，设置形状填充类型为"无"、描边为白色，在图像窗口中绘制形状并调整，此时的图像效果如图 2-299 所示。

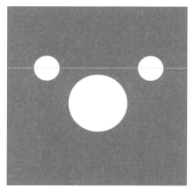

▲ 图 2-298 制作参考线

▲ 图 2-299 绘制形状

❼ 同时选中"椭圆 2""椭圆 2 拷贝"和"形状 1"三个图层,按 Ctrl+G 组合键创建组并命名为"1"。

❽ 按 Ctrl+J 组合键对组"1"进行复制并适当调整,最终效果如图 2-300 所示。至此,本实例制作完成。

▲ 图 2-300 图像效果

2.6 设计师心得

2.6.1 图标设计的重要细节

1. 圆角规则

线性图标的圆角有内外两个,内圆角的半径=外圆角的半径-线的宽度。线条末端的圆角半径为线宽的 1/2,如图 2-301 所示。

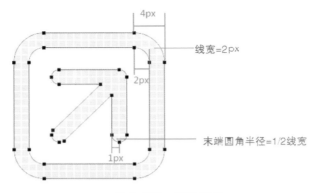

▲ 图 2-301 圆角规则

2. 保证边缘清晰

如图 **2-302** 所示，将两个图标放大显示可以清楚地看到第一个图标不如第二个图标清晰，出现边缘发虚的情况。要想保证图标设计清晰显示，在绘制图标前进入 **Photoshop** 中，执行〝编辑〞｜〝首选项〞｜〝常规〞命令，在打开的对话框中选中〝将矢量工具与变化和像素网格对齐〞复选框即可，如图 **2-303** 所示。

▲ 图 2-302 两个图标

▲ 图 2-303 选中〝将矢量工具与变化和像素网格对齐〞复选框

3. 使用路径选项

绘制图标时以基本的图形为基础，在选项栏中使用"路径操作""路径对齐""路径排列"三个选项，如图 2-304 所示，进行图形的相交、相减。这样做的好处是可以自由调整每个基础形的细节，避免手动调节节点造成偏差。

▲ 图 2-304 路径选项

❖ 路径操作 ▫：路径与路径之间进行相交、叠加、排除等操作。

❖ 路径对齐 ▫：路径与路径之间的对齐操作。

❖ 路径排列 ▫：调整路径与路径之间的上下关系。

4. 图标缩放

线性图标等比例缩放会导致线条粗细改变，破坏页面的统一性，因此同一图标的多种尺寸需要重新绘制。同时，图标放大后可以适当补充一些细节，如图 2-305 所示。

▲ 图 2-305 图标放大与重新绘制

2.6.2 什么样的图标才更加吸引用户

图标的作用就是能够直观地表达出其图形所代表的含义，目的是能够在第一时间抓住用户的眼球，那么怎样设计图标才能让其更具有吸引力呢？

1. 系列图标的统一性

这里的统一性不仅仅指的是尺寸的统一，还有风格的统一，包括配色和绘制等方面。在设计这种系列图标的时候，最好制定一个设计规范，这样才能保证设计出的图标保持统一。

2. 正确的透视和阴影处理

这一点主要是针对立体图标或者扁平化图标中的阴影的处理。

虽然图标的尺寸由于移动载体的大小而受到限制，但是对于立体的设计，无论在何时都要注意其透视感和统一对象的受光面和阴影，这样才能更好地抓住用户的眼球。

第3章
按钮设计

    在 APP UI 设计中，按钮是最基本，也是最不可缺少的控件之一，无论是 APP 市场中的软件还是手机应用系统程序，都少不了按钮元素，因此，它的制作十分重要。通过按钮能完成返回、设置、开启、关闭等多种功能化操作。本章将介绍按钮设计技巧和几个按钮设计实例。

3.1 按钮设计技巧

按钮设计得好坏决定了 APP 的细节处理是否能细致入微，取得用户使用的舒适感。本节简单讲解一下在按钮设计中需要掌握的技巧。

3.1.1 按钮的尺寸

在设计按钮时，首先要对按钮的大小进行设计与考量。鉴于移动端的界面尺寸大小，在设计的时候要尽量增大触摸点击的范围面积，如图 3-1 所示，这样才能在使用的过程中，使用户点击更加容易快捷。

▲ 图 3-1　触摸点击的按钮具有较大范围面积

那么，这个"大"究竟是多"大"呢？很多移动开发者和设计者们也非常想知道答案，下面就看一下在各个平台的 UI 设计规范中是怎样规定的吧！

❖ 在苹果的《iPhone 人机界面设计规范》中指出，最小的点击目标尺寸是 44 像素 ×44 像素。

❖ 在微软的《Windows 手机用户界面设计和交互指南》中建议使用 34 像素 ×34 像素的尺寸，最小也要 26 像素 ×26 像素。

❖《Android 的界面设计规范》建议使用 48×48 dp(物理尺寸为 9 毫米左右)。

❖ 诺基亚开发指南中建议，目标尺寸应该不小于 1 厘米 ×1 厘米或者 28 像素 ×28 像素。

提示 💡 dp 与 px 的区别在于，当屏幕密度为 160 dpi 时，dp=px。px 与屏幕的物理尺寸无关，只与屏幕的分辨率有关；而 dp 只与屏幕的物理尺寸有关系，与屏幕的分辨率调整无关。对于 Android，其官方建议使用 dp 作为尺寸单位。

从这些设计规范中可以看出，各个平台的标准都不太一致，但是总体来说，他们所规定的最小尺寸都是以人类手指的实际尺寸为模板的。当设计的按钮尺寸和人类手指相比小很多时，用户体验起来就会非常吃力，触碰准确度也会减低很多。

因此，我们要根据具体的界面用途和人类真实手指大小来具体设计各个 APP UI 中的各类按钮，这样才能达到最可用、最便捷舒适，如图 3-2 所示。

ISO 和 ANSI 标准按钮尺寸
0.75" x 0.75"

理想的按钮尺寸
1.25" x 0.75"

▲ 图 3-2　按钮尺寸

3.1.2　关联分组

在设计按钮时可以将有关联的按钮放在一起，这样可以让视觉统一，增加界面的统一感，如图 3-3 所示。

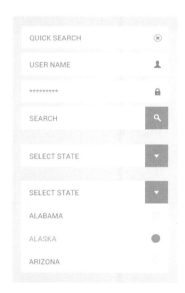

▲ 图 3-3　关联分组

3.1.3　善用阴影

阴影能产生视觉对比，可以引导用户看更加明亮的地方，如图 3-4 所示。

第3章　按钮设计

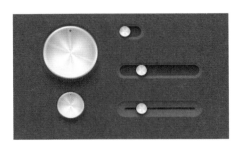

▲ 图 3—4　善用阴影

3.1.4　圆角边界

圆角作为边界，既可以清晰明显地区分，又不会像直角那样生硬，如图 3-5 所示。

▲ 图 3—5　圆角边界

3.1.5　强调重点

在移动 APP 中，根据地位重要性的大小，可将按钮分为以下几种。

❖ 重要功能按钮：通常指的是执行重要的操作或是命令的按钮。一般在整个移动 APP 界面的中心位置，无论从大小上还是颜色上都比较醒目。如搜索、预定、确定、立即提交等操作指示。

❖ 一般功能按钮：包括不是特别重要操作的按钮。比如清空、退出等说明性的按钮。重要按钮和一般按钮都是文字标在按钮上的，而且占的面积比较大。

❖ 软弱功能按钮：这里指优先级最低的一种按钮，这类案例主要是文字和图标一起搭配出现的，如筛选、排序等按钮。

按钮的主要表现形式如下。

❖ 大小按重要性递减：按钮大小根据其功能的重要性从大到小依次递减，如图 3-6 所示。

▲ 图 3-6　界面案例

❖ 区别于周边的颜色：按钮的颜色区别于周边的环境色，一般使用更亮、高对比度的颜色，如图 3-7 所示。

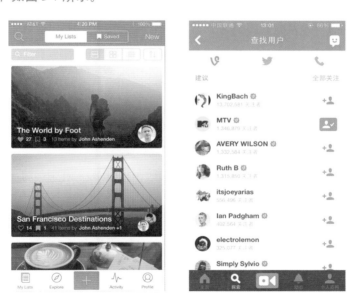

▲ 图 3-7　区别于周边的颜色

❖ 利用符号、图标：使用符号、图标比文字描述更直观，且更能吸引眼球，如箭头、对钩、叉等，如图3-8所示。

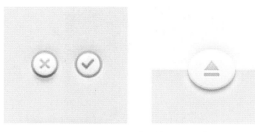

▲ 图 3-8　利用符号、图标

3.2　按钮设计案例

本节将介绍如何制作开关按钮、电源按钮和滑块按钮，相信读者在学习后一定会有深刻的了解。

3.2.1　开关按钮

开关按钮在移动端中是最常见的，不仅是系统中设计师必设计的按钮，同时在各个 APP 软件中也是要涉及的一方面。下面就制作一款简单的开关按钮。在制作的过程中，主要通过矩形的绘制以及给其添加"投影"图层样式来使图像富有凹凸感，最后添加文字信息来完成绘制，最终效果如图 **3-9** 所示。

▲ 图 3-9　案例效果展示

━━━━━━━━ ● 绘制步骤 ● ━━━━━━━━

知识点	圆角矩形工具、图层样式、文字工具、矩形工具
文件路径	素材 \ 第 3 章 \3.2.1\ 开关按钮 .psd

❶ 新建一个尺寸大小为 700 像素 ×500 像素的文档，如图 3-10 所示。

❷ 双击背景图层进行解锁，添加"渐变叠加"图层样式并设置参数，如图 3-11 所示。

▲ 图 3-10　新建文档　　　　　　　▲ 图 3-11　设置〝渐变叠加〞图层样式参数

❸ 此时的图像效果如图 3-12 所示。

❹ 使用圆角矩形工具■在图像窗口中绘制圆角矩形，如图 3-13 所示。

▲ 图 3-12　图像效果　　　　　　　　▲ 图 3-13　绘制形状

❺ 给"圆角矩形 1"添加"描边"和"内阴影"图层样式并设置参数，如图 3-14 所示。

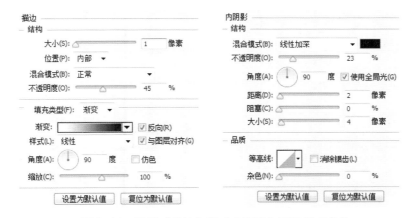

▲ 图 3-14　设置〝描边〞和〝内阴影〞图层样式参数

❻ 继续添加"外发光"和"投影"图层样式并设置参数，如图 3-15 所示。

❼ 此时的图像效果如图 3-16 所示。

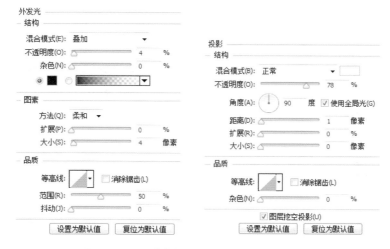

▲ 图 3-15　设置"外发光"和"投影"图层样式参数

▲ 图 3-16　图像效果

❽ 使用圆角矩形工具█，在图像窗口中绘制出圆角矩形，如图 3-17 所示。

❾ 给"圆角矩形 2"添加"描边"图层样式并设置参数，如图 3-18 所示。

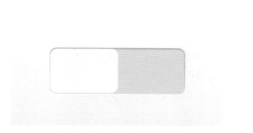

▲ 图 3-17　绘制圆角矩形

▲ 图 3-18　设置"描边"图层样式参数

❿ 继续添加"内阴影"和"渐变叠加"图层样式并设置参数，如图 3-19 所示。

⓫ 添加"外发光"和"投影"图层样式并设置参数，如图 3-20 所示。

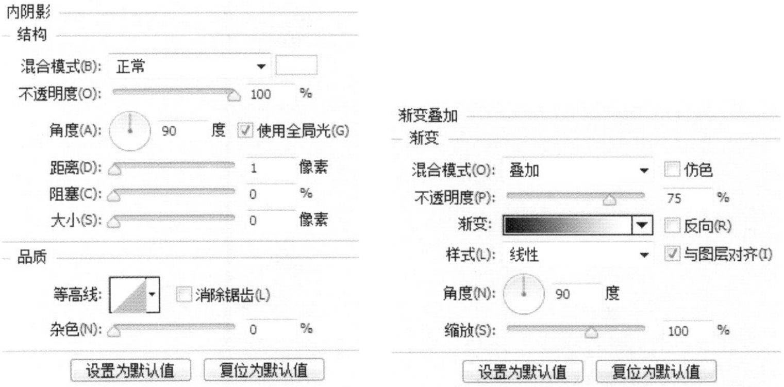

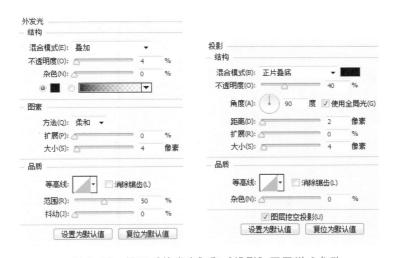

▲ 图 3-19　设置 "内阴影" 和 "渐变叠加" 图层样式参数

▲ 图 3-20　设置 "外发光" 和 "投影" 图层样式参数

⑫ 确定图层样式后的图像效果如图 3-21 所示。

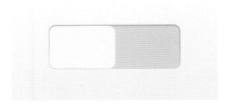

▲ 图 3-21　图像效果

⑬ 使用矩形工具在图像窗口中绘制矩形，如图 3-22 所示。

⑭ 给 "矩形 1" 添加 "投影" 图层样式并设置参数，如图 3-23 所示。

▲ 图 3-22 绘制矩形　　　　　　▲ 图 3-23　设置″投影″图层样式参数

⑮ 此时的图像效果如图 3-24 所示。

⑯ 将"矩形 1"复制出三个并调整位置，此时的图像效果如图 3-25 所示。

▲ 图 3-24　图像效果　　　　　　▲ 图 3-25　复制形状并调整位置

⑰ 使用横排文字工具 T 在图像窗口中输入文字并调整大小及位置，此时的图像效果如图 3-26 所示。至此，本实例制作完成。

▲ 图 3-26　图像效果

3.2.2　电源按钮

电源按钮是手机系统以及 APP 设计中最基础的，本案例主要是使用圆角矩形工具 📷 并结合自定形状工具 🐾、图层蒙版等绘制出鲜明形象的按钮，如图 3-27 所示。

▲ 图 3-27　案例效果展示

知识点	圆角矩形工具、渐变填充、自定形状工具、图层样式
文件路径	素材 \ 第 3 章 \3.2.2\ 电源按钮 .psd

❶ 新建一个尺寸大小为 600 像素 ×600 像素的文档并设置参数，如图 3-28 所示。

❷ 使用圆角矩形工具 ■，设置其填充颜色为白色，在图像窗口的中心处绘制合适大小的形状，如图 3-29 所示。

▲ 图 3-28　新建文档

▲ 图 3-29　绘制圆角矩形

❸ 给"圆角矩形 1"图层添加"渐变叠加"和"投影"图层样式并调整参数，如图 3-30 所示。

▲ 图 3-30　设置"渐变叠加"和"投影"图层样式参数

❹ 此时的图像效果如图 3-31 所示。

❺ 使用椭圆工具 ● 在图像窗口中绘制正圆，如图 3-32 所示。

▲ 图 3—31　图像效果

▲ 图 3—32　绘制正圆

❻ 给"椭圆 1"图层添加"内阴影"和"渐变叠加"图层样式并设置参数，如图 3-33 所示。

▲ 图 3—33　设置"内阴影"和"渐变叠加"图层样式参数

❼ 继续添加"投影"图层样式并设置参数，如图 3-34 所示。

❽ 此时的图像效果如图 3-35 所示。

▲ 图 3—34　设置"投影"图层样式参数

▲ 图 3—35　图像效果

⑨ 复制"椭圆 1"，调整颜色与大小，清除图层样式，如图 3-36 所示。

⑩ 给"椭圆 1 拷贝"图层添加"投影"图层样式并设置参数，如图 3-37 所示。

▲ 图 3-36　绘制并调整形状

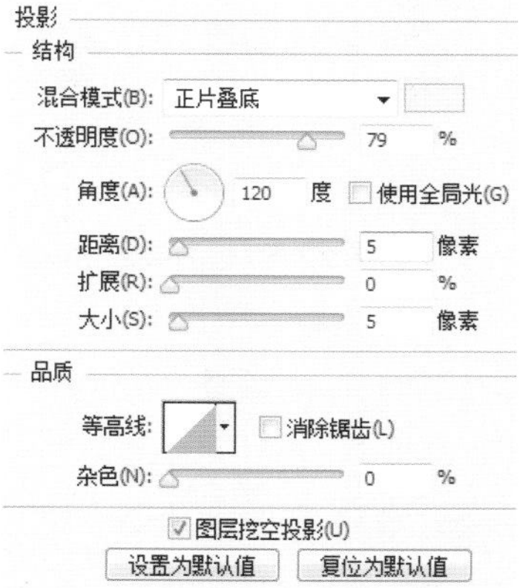

▲ 图 3-37　设置"投影"图层样式参数

⑪ 此时的图像效果如图 3-38 所示。

⑫ 使用椭圆工具 ◖◗ 在图像窗口中绘制正圆，设置填充颜色为无，描边颜色为黑色，如图 3-39 所示。

⑬ 给"椭圆 2"添加"内阴影"图层样式并设置参数，如图 3-40 所示。

▲ 图 3-38　绘制并调整形状

▲ 图 3-39　绘制正圆

▲ 图 3-40　设置"内阴影"图层样式参数

⑭ 继续添加"渐变叠加"图层样式并设置参数，如图 3-41 所示。

⑮ 此时的图像效果如图 3-42 所示。

▲ 图 3-41 设置"渐变叠加"图层样式参数　　　　▲ 图 3-42 图像效果

⓰ 使用椭圆工具 ◉ 在图像窗口中绘制正圆，设置填充颜色为白色，描边颜色为无，如图 3-43 所示。

⓱ 给"椭圆 3"图层添加"渐变叠加"图层样式并设置参数，如图 3-44 所示。

▲ 图 3-43 绘制形状　　　　▲ 图 3-44 调整"渐变叠加"图层样式参数

⓲ 此时的图像效果如图 3-45 所示。

⓳ 使用椭圆工具 ◉，设置填充颜色为无、描边颜色为黑色，并调整描边宽度，在图像窗口中绘制圆环，如图 3-46 所示。

▲ 图 3-45 图像效果　　　　▲ 图 3-46 绘制圆环

⓴ 给"椭圆 4"图层添加图层蒙版，使用钢笔工具 ✐ 绘制适当形状并转化为选区，如图 3-47 所示。

㉑ 在蒙版中填充黑色，此时的图像效果如图 3-48 所示。

▲ 图 3-47　绘制形状并转化选区　　　　　　　　▲ 图 3-48　图像效果

㉒ 给形状图层添加"描边"和"内阴影"图层样式并设置参数，如图 3-49 所示。

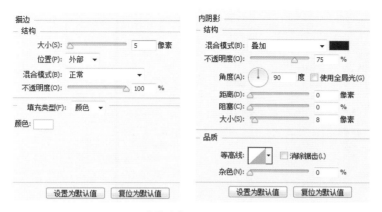

▲ 图 3-49　设置"描边"和"内阴影"图层样式参数

㉓ 继续添加"渐变叠加"图层样式并设置参数，如图 3-50 所示。

㉔ 此时的图像效果如图 3-51 所示。

▲ 图 3-50　设置"渐变叠加"图层样式参数　　　　▲ 图 3-51　图像效果

㉕ 使用圆角矩形工具▦ 绘制形状，如图 3-52 所示。

㉖ 给"圆角矩形 2"图层添加"描边"图层样式并设置参数，如图 3-53 所示。

▲ 图 3-52　绘制圆角矩形

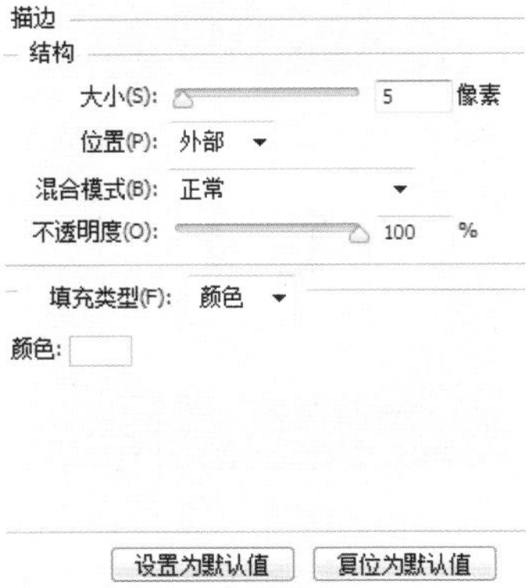

▲ 图 3-53　设置"描边"图层样式参数

㉗ 继续添加"内阴影"和"渐变叠加"图层样式并设置参数值，如图 3-54 所示。

▲ 图 3-54　设置"内阴影"和"渐变叠加"图层样式参数

㉘ 此时的图像效果如图 3-55 所示。至此，本实例制作完成。

▲ 图 3-55　图像效果

3.2.3　滑块按钮

本小节要讲解的是滑块按钮，此类按钮在移动设备中应用比较广泛。本案例主要是使用圆角矩形工具和图层样式等绘制出简约的按钮，案例效果如图 3-56 所示。

▲ 图 3-56　案例效果展示

━●━ **绘制步骤** ━●━

知识点	圆角矩形工具、渐变填充、自定形状工具、图层样式
文件路径	素材 \ 第 3 章 \3.2.3\ 滑块按钮 .psd

❶ 新建一个尺寸大小为 400 像素 ×300 像素的文档并设置参数，如图 3-57 所示。

❷ 设置前景色为浅灰色，并按 Alt+Delete 组合键填充前景色，如图 3-58 所示。

▲ 图 3-57　新建文档　　　　　　　　　　▲ 图 3-58　填充前景色

❸ 使用圆角矩形工具，设置填充颜色为灰色，在图像窗口的中心处绘制出适合大小的形状，如图 3-59 所示。

▲ 图 3-59　绘制圆角矩形

❹ 给"圆角矩形 1"添加"描边"和"内阴影"图层样式并调整参数，如图 3-60 所示。

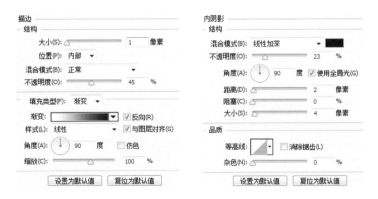

▲ 图 3-60 设置"描边"和"内阴影"图层样式参数

❺ 继续添加"渐变叠加"和"外发光"图层样式并调整参数，如图 3-61 所示。

▲ 图 3-61 设置"渐变叠加"和"外发光"图层样式参数

❻ 添加"投影"图层样式并调整参数，如图 3-62 所示。

❼ 此时的图像效果如图 3-63 所示。

▲ 图 3-62 设置"投影"图层样式参数　　　　　　▲ 图 3-63 图像效果

❽ 按 Ctrl+J 组合键将"圆角矩形1"图层复制，并使用直接选择工具 ，编辑调整形状，此时的图像效果如图 3-64 所示。

▲ 图 3-64　图像效果

❾ 双击打开"图层样式"对话框，修改"圆角矩形1拷贝"图层的"描边"图层样式，如图 3-65 所示。取消"渐变叠加"图层样式。

❿ 此时的图像效果如图 3-66 所示。

▲ 图 3-65　设置"描边"图层样式参数

▲ 图 3-66　图像效果

⓫ 使用椭圆工具 绘制正圆，如图 3-67 所示。

▲ 图 3-67　绘制正圆

⓬ 给"椭圆1"图层添加"描边"和"内阴影"图层样式并设置参数，如图 3-68 所示。

⓭ 继续添加"渐变叠加"和"外发光"图层样式并设置参数，如图 3-69 所示。

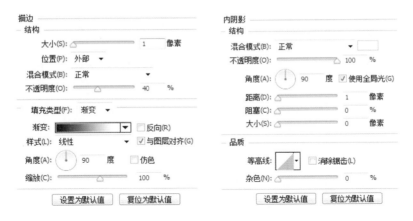

▲ 图 3-68 设置 "描边" 和 "内阴影" 图层样式参数

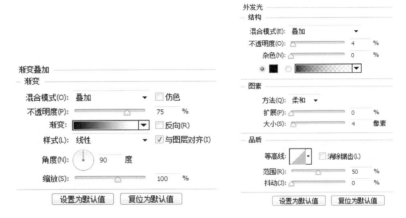

▲ 图 3-69 设置 "渐变叠加" 和 "外发光" 图层样式参数

⑭ 添加 "投影" 图层样式并设置参数, 如图 3-70 所示。

⑮ 此时的图像效果如图 3-71 所示。

▲ 图 3-70 设置 "投影" 图层样式参数   ▲ 图 3-71 图像效果

⓰ 使用自定形状工具 ✎，选择"会话 10"，在图像窗口中绘制形状，并结合直接选择工具 ▶ 编辑调整形状，如图 3-72 所示。

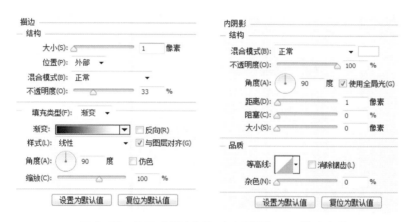

▲ 图 3-72 调整形状

⓱ 给"形状 1"图层添加"描边"和"内阴影"图层样式并设置参数，如图 3-73 所示。

▲ 图 3-73 设置"描边"和"内阴影"图层样式参数

⓲ 继续添加"渐变叠加""外发光"和"投影"图层样式并设置参数，如图 3-74 所示。

▲ 图 3-74 设置"渐变叠加""外发光"和"投影"图层样式参数

⓳ 此时的图像效果如图 3-75 所示。

▲ 图 3-75　图像效果

⓴ 使用横排文字工具 **T** 在图像窗口中添加文字信息，此时的图像效果如图 3-76 所示。至此，本实例制作完成。

▲ 图 3-76　图像效果

3.3　设计师心得

3.3.1　APP UI 设计为什么这么受欢迎

对于设计领域来说，APP UI 设计无疑是这几年来最受欢迎的，那么它为什么这么受欢迎呢？

1. 更美观、更有时尚感

相对于没有设计优化过的界面，设计后的界面会更有层次感和设计感，在视觉方面会更吸引用户的眼球。

2. 更加有实用性能，功能直接明了

在设计的过程中，设计师通常会对整个界面的功能和细节进行处理，后期也会根据用户的体验进行改进和优化，那么设计后的界面就更加有实用性了。

3.3.2　如何将 iOS 的 UI 设计换成安卓的 UI 设计

不同的平台有不同的 UI 设计规范，因此 iOS 和 Android 的平台设计规范自然也是不一样的。

下面就来学习几个将 UI 设计在 iOS 和 Android 平台中相互转换的小技巧。

1. 技巧一：要了解 APP UI 中的屏幕尺寸单位

虽然 Android 系统有很多生产商在研发，但是 UI 设计不必为所有的手机设备都进行设计，Android 有一个屏幕密度的系统能适用于每个屏幕尺寸，因此只需要留意那 5 到 7 个不同的尺寸就可以了。

对于 1080 x 1920 pixels（XXHDPI）来说，所有像素值除以 3 便是 DP。DP 是针对所有显示屏的一个绝对数值单位。要实现正确的像素值，必须在每个分辨率上做乘除法。

任何情况下，设计师都应该为优化 APP 于不同的屏幕尺寸和分辨率而做出努力。在 APP 上线之前，在至少五个不同分辨率的设备上进行测试。即便设备的分辨率不同，但它们的长度比例相似，因此，在测试时不必担心原始排版被打乱或是需要重新设计。

2. 技巧二：熟悉相关术语

在设计之前，我们需要熟悉业界常见的一些相关术语，像"DP""SP"和"9 Patch"等，这些具体是指什么意思一定要清楚。比如说，DP 和 SP 是尺寸单位，而 9 Patch 是组件格式的名称。DP 是 Density-independent Pixels 的缩写，它是一个永远不会改变大小的绝对单位。SP 和 DP 虽然很像，但 SP 是可以伸缩的，但是 DP 不可以。如果用户在设备的设置里调大文字，那么通过 SP 定义的字体大小就会受到影响。9 Patch 是最常用的格式，一个能让组件可大可小的格式，对于大幅缩小文件体积很有帮助。

3. 技巧三：其他方面

在软键方面，典型的 Android 设备在屏幕上有特定的 Home、返回和菜单按键。但三星是以实体按键的形式应用在硬件设备上的，所以要确保排版能在三星和其他设备上都行得通。

Android 上的插件从最开始就是其独一无二的特点之一。可以多看看别人是怎么做的，然后在开始设计之前和工程师谈谈实现的问题。

一个典型的消息往往由图标 + 文字或图片 + 文字组成，但 Android 的 4.x 和 5.x 使用了不同的方式，这也是需要注意的一点。

4. 技巧四：Material Design

谷歌发布了它的 **Material Design**，这是一个全新的设计语言。这确实是一个绝佳的设计方向，可以去网站上看看，理解基本的 UI 原理。当然，不要太过纠结于颜色或者阴影这些特定的视觉设计，UI 设计师可以有更多自己的创意。

5. 技巧五：图标

Android 上图标的风格更加实心和圆润，**Android** 的可伸缩图标系统能自动地在不同尺寸之间切换，然而这种切换可能会导致位图变模糊。为了确保位图不受影响，设计师应该在适配每个尺寸上花点时间。

第4章
导航设计

在对前三章进行了初步学习和了解之后，相信读者已经对 APP UI 有了一定的了解和兴趣。本章将讲解一些常见的 UI 设计模式和常见的导航设计模式。

4.1 常见的UI设计模式

在讲解主要的导航设计样式之前，让我们先来看一下，在移动 UI 设计中有哪些常见的设计模式，如图 4-1 所示。

主体/细节 Master/Detail	分栏浏览 Column Browse
搜索/结果 Search/Result	过滤器 Filter
表单 Form	调色盘/画布 Palette/Canvas
仪表盘 Dashboard	电子数据表 Spreadsheet
向导 Wizard	问答 Question/Answer
并行 Parallel	互动 Interactive

▲ 图 4-1 常见的设计模式

UI 设计师在设计线框图原型时，熟知常见的 Web 设计模式很有帮助，做到"心中有数"才能创造出符合用户需求、易学易用的界面来。所谓"没有必要重复发明轮子"，模式往往容易解决常见问题，正确的模式能帮用户熟悉界面、提高效率。

下面我们就挑选一些经常用到的进行具体分析，遇到不同需求的时候就可以选择合适的 UI 设计模式。

4.1.1 主体 / 细节模式

主体 / 细节（Master/Detail）模式可以分为横向和纵向两种，如图 4-2 所示。

▲ 图 4-2 主体／细节模式的框架图

如果想让用户在同一页面下的不同类目间高效地切换，这无疑是一种理想的方式。如果主体信息对于用户来说更重要，最好选择横向布局。如果主体部分不仅条目多而且包含的信息也多，也应该选择这种布局，如图 **4-3** 所示。

▲ 图 4-3 主体／细节模式设计案例

4.1.2 分栏浏览模式

分栏浏览 (Column Browse) 分为横向和纵向两种，如图 **4-4** 所示。

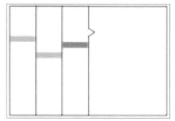

▲ 图 4-4 分栏浏览模式的框架图

用户可以通过它，选择不同的类别点进并逐步引导用户找到需要的信息，如图 4-5 所示。

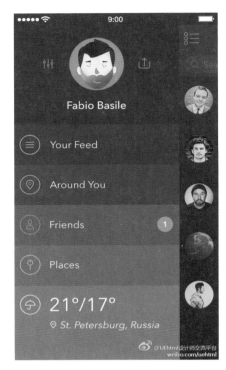

▲ 图 4-5　分栏浏览模式设计案例

4.1.3　搜索 / 结果模式

搜索 / 结果 (Search/Result) 模式对于想快速、直接看到具体结果的用户来说非常便捷。从很简单的到非常复杂的都有，如图 4-6 所示。

▲ 图 4-6　搜索／结果模式的框架图

下面来看几个实际例子，如图 4-7 所示。

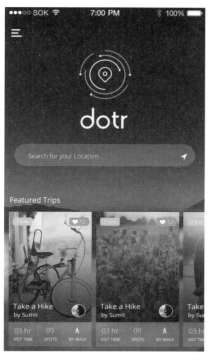
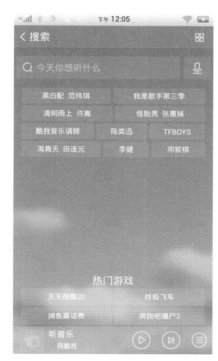

▲ 图 4-7　搜索／结果模式设计案例

4.1.4　过滤数据组模式

过滤数据组 (Filter Dataset) 分为横向和纵向两种，如图 4-8 所示。

▲ 图 4-8　过滤数据组模式的框架图

开始定义一些已知信息，之后通过限定条件对搜索后的结果进行再过滤，如图 4-9 所示。

▲ 图 4-9　过滤数据组模式设计案例

4.1.5　表单模式

表单 (Form) 类型众多，也是最能体现用户体验是否良好的地方，如图 4-10 所示。

▲ 图 4-10　表单模式的框架图

表单中包含很多内容，其中注册信息一般使用表单，如图 4-11 所示。

▲ 图 4-11　表单模式设计案例

4.1.6　向导模式

对于复杂的或是不常见的流程，向导 (Wizard) 模式可以有效地导航，如图 **4-12** 所示。

向导设计模式在 **APP UI** 导航设计中主要应用于购物、流程等界面，如图 **4-13** 所示。

▲ 图 4-12　向导模式的框架图

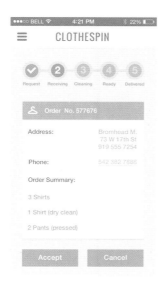

▲ 图 4-13　向导模式设计案例

4.2 标签式导航

标签式导航也就是我们平时说的标签式导航,它是移动应用中最普遍、最常用的导航模式。这种类型的导航设计,用户使用较为频繁。通过标签式导航的引导功能,用户可以迅速实现页面之间的切换,其设计让用户看起来很简洁,既简单效率又高。不过需要注意的是,标签式导航在设计的时候要控制在 5 个以内,超过 5 个,用户在使用时就会难以记忆而且容易迷失。

标签式导航还可细分为底部标签式导航、顶部标签式导航、底部标签的扩展导航三种。下面我们就分别来讲解一下。

4.2.1 底部标签式导航

如果你拿出自己的手机,对下载的各类 APP 软件进行观察,就会发现自己手机中常用的软件,像 QQ、微信、淘宝、微博、美团、京东等全部都是底部标签式导航,如图 4-14 所示。

▲ 图 4-14 底部标签式导航案例

底部标签式导航是最符合拇指热区操作的一种导航模式,那么到底什么是拇指热区呢?说白了,就是最符合人机工程学,符合人们生活中便于操作的状态。当你走在路上,单手持握手机并操作;当你站在公交车上,一手拽住扶手,只能用另外一只手操作手机等,你最常用的操作就是右手单手持握并操作手机。因此,对于手机来说,为触摸进行交互设计,主要针对的就是拇指。

但在手机操作中，拇指的可控范围有限，缺乏灵活度。尤其是在如今的大屏手机上，拇指的可控范围还不到整个屏幕的三分之———主要集中在屏幕底部、与拇指相对的另外一边。当用右手持握手机的时候拇指的热区如图 **4-15** 所示。

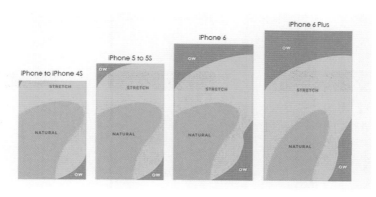

▲ 图 4-15　拇指热区图

随着手机屏幕越来越大，内容显示变多了，但是单手操作变难了。因此，工具栏和导航条一般都在手机界面的下边缘，这样的方式为单手持握时拇指操作带来了更大的舒适性。

将导航放置在屏幕底部也不仅仅关系到拇指操作的舒适性，还关系到另一个问题：如果放在上面，用手指操作时，会挡住阅读的视线。如果控件在底部，不管手怎么移动，至少不会挡住主要内容，从而给予清晰的视角。呈现内容的屏幕在上方，控制按键在下方。

iPhone 把一个需要按压的 Home 键放在手机底部，而 Android 手机将三个触摸式物理按键放在底部，下面我们看几款市面上的主流 Android 手机，如图 4-16 所示。

▲ 图 4-16　市场上的 Android 手机

4.2.2　顶部标签式导航

　　Android 手机的物理按键已经放在底部了，为了不产生堆叠，很多 Android 应用运用了顶部标签式导航，这是一种妥协下的行为，如图 4-17 所示。

　　而如今，在妥协物理按键和拇指操作舒适中，微信 Android 版抛弃了顶部导航的方式，和 iOS 保持了一致，如图 4-18 所示。

▲ 图 4-17　Android 版微信导航界面　　　　▲ 图 4-18　Android 版和 iOS 版微信

　　当然顶部导航也不是一无是处，像 QQ 音乐和酷我音乐现在用的就是顶部标签式导航，如图 4-19 所示。为了更好地浏览基本信息（歌手、歌曲名），以及支持快捷操作（播放 / 暂停）播放器需要固定在底部，那么顶部标签式导航不失为一个好选择。

▲ 图 4-19　QQ 音乐和酷我音乐界面

腾讯新闻和网易新闻等新闻类 APP，由于内容、分类较多，运用顶部和底部双标签导航，而切换频率最高的标签放在顶部，这是为什么呢？因为新闻在每个标签都是沉浸式阅读，最常用的操作是在一个标签中不断地下滑阅读内容，将常用的标签放在顶部，加入手势切换的操作，反倒能给用户带来更好的阅读体验，如图 4-20 所示。

▲ 图 4-20　新闻类 APP 导航界面

4.2.3　底部标签的扩展导航

在有些情况下，简单的底部标签式导航可能难以满足更多的操作功能，这时就需要一些扩展形式来满足需求。如微博和 QQ 空间、闲鱼都做了这种扩展，如图 4-21 所示，也因此给设计增加了一些个性化的亮点。

▲ 图 4-21　底部标签的扩展导航

▲ 图 4-21　底部标签的扩展导航（续）

在这些 APP 界面设计中，为了让用户更简单地使用体验，突出了按钮的设计，让平淡的标签栏多了几分趣味。

4.2.4　设计实例

这一小节将通过形状的绘制结合图层样式的参数调整，来制作一个标签式导航，其最终效果如图 4-22 所示。

▲ 图 4-22　案例最终效果展示

下面就一起来制作吧！

━━━━━●　绘制步骤　●━━━━━

知识点	矩形工具、图层样式、文字工具、钢笔工具
文件路径	素材 \ 第 4 章 \4.2.4\ 设计实例 .psd

❶ 新建一个尺寸大小为 700 像素 ×500 像素的文档并设置参数，如图 4-23 所示。

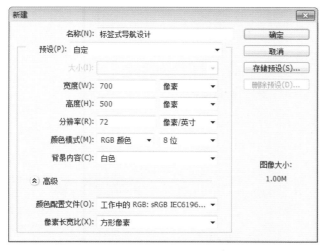

▲ 图 4-23　新建文档

❷ 使用矩形工具▦，设置填充颜色为 #394264，在图像窗口中绘制矩形，如图 4-24 所示。

▲ 图 4-24　绘制矩形

❸ 继续使用矩形工具▦，设置填充颜色为 #50597b，在图像窗口中绘制形状，如图 4-25 所示。

▲ 图 4-25　绘制形状

提示　绘制小矩形时，其宽度设置为整个大矩形的 1/3，以便之后复制出另外两个矩形。

❹ 给 "矩形 2" 添加 "内阴影" 图层样式并调整参数，如图 4-26 所示。

❺ 此时的图像效果如图 4-27 所示。

▲ 图 4-26 设置"内阴影"图层样式参数

▲ 图 4-27 图像效果

⑥ 使用椭圆工具 ●，设置填充颜色为无、描边颜色为 #9099b7，在图像窗口中绘制椭圆，如图 4-28 所示。

⑦ 使用钢笔工具 ●在图像窗口中绘制出适当形状，如图 4-29 所示。

▲ 图 4-28 绘制椭圆

▲ 图 4-29 绘制形状

⑧ 继续使用钢笔工具 ●绘制形状，如图 4-30 所示。

⑨ 使用横排文字工具 T 在图像窗口中编辑文字信息，如图 4-31 所示。

▲ 图 4-30 继续绘制形状

▲ 图 4-31 编辑文字信息

⑩ 将"矩形 2"图层进行复制并移动到合适位置，如图 4-32 所示。

▲ 图 4-32 复制并移动图层

⓫ 将"矩形 2 拷贝"图层的内阴影颜色调整为绿色，如图 4-33 所示。

▲ 图 4-33　调整颜色

⓬ 此时的图像效果如图 4-34 所示。

▲ 图 4-34　图像效果

⓭ 使用钢笔工具，在图像窗口中绘制出适当形状，如图 4-35 所示。

▲ 图 4-35　绘制形状

⓮ 使用椭圆工具，绘制正圆，如图 4-36 所示。

▲ 图 4-36　绘制正圆

提示　在使用椭圆工具绘制时按住 Shift 键即可绘制正圆。

⑮ 同时选中"形状 3"和"椭圆 2"两个图层,对两图层进行"水平居中对齐"，此时的图像效果如图 4-37 所示。

▲ 图 4-37 图像效果

⑯ 使用横排文字工具 T 在图像窗口中编辑文字信息,如图 4-38 所示。

▲ 图 4-38 编辑文字信息

⑰ 将"矩形 2"图层复制并移动位置,如图 4-39 所示。

▲ 图 4-39 复制并移动图层

⑱ 将"矩形 2 拷贝 2"图层的内阴影颜色调整为黄色,如图 4-40 所示。

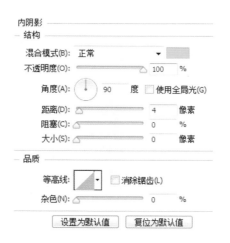

▲ 图 4-40 调整颜色

⑲ 此时的图像效果如图 4-41 所示。

▲ 图 4-41　图像效果

㉑ 使用钢笔工具  在图像窗口中绘制出适当形状，如图 4-42 所示。

▲ 图 4-42　绘制形状

㉑ 使用横排文字工具 **T** 在图像窗口中编辑文字信息，如图 4-43 所示。至此，本实例制作完成。

▲ 图 4-43　编辑文字信息

4.3　抽屉式导航

4.3.1　关于抽屉式导航

　　一般和底部标签式导航一起使用的另一种导航设计是抽屉式导航。抽屉式导航的特点是将部分内容进行了侧边隐藏，这样能够突出其 APP 软件的核心功能。

　　如果要设计的产品信息层级有着非常多的页面和内容，难以在一屏内显示全部的内容，一般设计师会设计一个底部或顶部的标签导航。但导航太多不仅显得十分臃肿，而且使用户难以点击，这时，抽屉式导航就是个不错的选择，如图 4-44 所示。

▲ 图 4-44　抽屉式导航设计案例

不过，抽屉式导航也有两大使用缺陷，具体如下。

❖ **在大屏幕手机上，单手持握时处于操作盲区，难以点击**

像 QQ 这样的 APP 软件几乎人人会安装，它的导航界面采用的就是抽屉式导航，如图 4-45 所示。但是我们看到随着 iPhone 6 和 iPhone 6 Plus 的推出，到 6S 的持续推进，大屏幕手机时代就这么不可阻挡地来了，而屏幕顶部左上角的抽屉栏位置，一个需要被经常操作的入口，现在处在了操作盲区，如图 4-46 所示。

▲ 图 4-45　手机版 QQ 导航界面

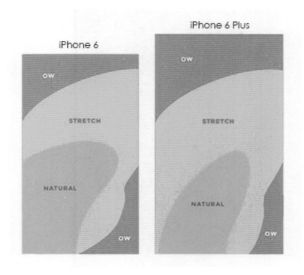

▲ 图 4-46　拇指热区图

❖ **抽屉式导航可能会降低产品一半的用户参与度**

抽屉式导航设计为其界面带来干净的设计的同时，也让用户忽视了隐藏的另一半信息，如果你第一眼看不到这些入口，那么你也就会时常忘记它们在哪儿，这也导致了隐藏在抽屉栏内的信息内容用户点击率下降，参与感降低。

那么，到底什么时候适合用侧导航呢？

❖ 如果应用主要的功能和内容都在一个页面里面，只是一些用户想设置那些低频操作内容显示在其他页面里，为了让主页面看上去干净美观，可以把这些辅助功能放在抽屉栏里。

❖ 如果你的应用有不同的视图，且它们是平级的，需要用户同等地对待，抽屉栏将会浪费掉大多数的用户对于侧边栏中入口的潜在参与度和交互程度。

❖ 在大屏时代使用抽屉栏，手势操作显得尤为重要，从屏幕边缘唤出抽屉栏是个不错的选择。

提示　需要用户有一定参与的信息层级，最好不要放在抽屉栏里。

4.3.2　设计实例

本小节将通过形状的绘制并结合图层样式的参数调整，来制作一个抽屉式导航，其最终效果如图 4-47 所示。

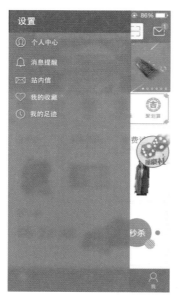

▲ 图 4-47 案例最终效果展示

● 绘制步骤 ●

知识点	直接选择工具、图层样式、文字工具、矩形工具、钢笔工具
文件路径	素材\第4章\4.3.2\设计实例.psd

❶ 新建一个尺寸大小为 640 像素 ×1136 像素的文档并设置参数，如图 4-48 所示。

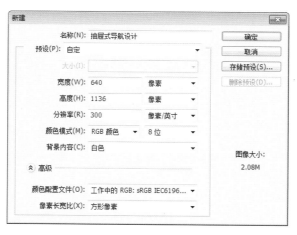

▲ 图 4-48 新建文档

❷ 将"天猫首页"素材图片载入到文档中，如图 4-49 所示。

❸ 使用矩形工具███在图像窗口中绘制矩形，如图 4-50 所示。

▲ 图 4-49　载入素材图片

▲ 图 4-50　绘制矩形

④ 将"天猫首页"素材图片进行复制并移至最上层，创建剪贴蒙版。

⑤ 转换为智能对象，然后执行"滤镜"|"模糊"|"高斯模糊"命令，在打开的"高斯模糊"对话框中调整参数，如图 4-51 所示。

⑥ 此时的图像效果如图 4-52 所示。

▲ 图 4-51　调整参数

▲ 图 4-52　图像效果

⑦ 将"矩形 1"图层进行复制并移至最顶层，如图 4-53 所示。

⑧ 将"矩形 1 拷贝"图层的不透明度调整为 90%，并调整颜色，图像效果如图 4-54 所示。

▲ 图 4-53　复制图层

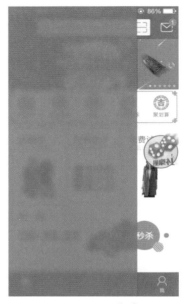

▲ 图 4-54　图像效果

❾ 使用矩形工具 ▣ 在图像窗口中绘制矩形，如图 4-55 所示。

❿ 给 "矩形 2" 添加 "内阴影" 图层样式并调整参数，如图 4-56 所示。

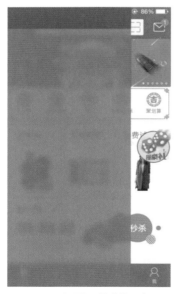

▲ 图 4-55　绘制矩形

▲ 图 4-56　设置"内阴影"图层样式参数

⓫ 此时的图像效果如图 4-57 所示。

⓬ 使用横排文字工具 Ｔ 在图像窗口中编辑文字信息，如图 4-58 所示。

▲ 图 4-57　图像效果

▲ 图 4-58　编辑文字信息

⑬ 将"设置"和"矩形 2"图层同时选中并建组，命名为"1"。

⑭ 使用椭圆工具 ⬭ 在图像窗口中绘制出适当形状，如图 4-59 所示。

⑮ 使用钢笔工具 ✑ 在图像窗口中绘制出适当形状，如图 4-60 所示。

▲ 图 4-59　绘制形状（1）

▲ 图 4-60　绘制形状（2）

⑯ 给"椭圆 1"添加"投影"图层样式并设置参数，如图 4-61 所示。

⑰ 右击"椭圆 1"图层，从弹出的快捷菜单中选择"拷贝图层样式"命令，选择"形状 1"图层并右击，从弹出的快捷菜单中选择"粘贴图层样式"命令，此时的图像效果如图 4-62 所示。

⑱ 使用横排文字工具 T 在图像窗口中编辑文字信息，如图 4-63 所示。

⑲ 右击"个人中心"图层，从弹出的快捷菜单中选择"粘贴图层样式"命令，此时的图像效果如图 4-64 所示。

▲ 图 4-61　设置"投影"图层样式参数

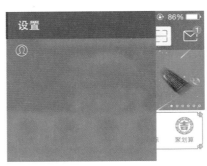

▲ 图 4-62　图像效果

▲ 图 4-63　编辑文字信息

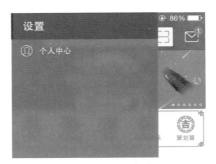

▲ 图 4-64　图像效果

⑳ 将"椭圆1"至"个人中心"图层同时选中并建组,命名为"2"。

㉑ 使用矩形工具█,在图像窗口中绘制出适当形状,如图4-65所示。

㉒ 给"矩形3"添加"投影"图层样式并设置参数,如图4-66所示。

▲ 图 4-65　绘制形状

▲ 图 4-66　设置"投影"图层样式参数

㉓ 此时的图像效果如图4-67所示。

㉔ 将"矩形3"图层的混合模式设置为"柔光",设置不透明度为30%,此时

的图像效果如图 4-68 所示。

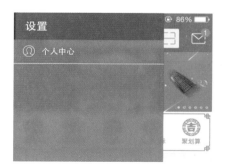
▲ 图 4-67 图像效果

▲ 图 4-68 图像效果

㉕ 使用同样的方法绘制"铃铛"，如图 4-69 所示。

㉖ 右击"铃铛"图层，从弹出的快捷菜单中选择"粘贴图层样式"命令，此时的图像效果如图 4-70 所示。

▲ 图 4-69 绘制铃铛

▲ 图 4-70 图像效果

㉗ 使用横排文字工具 T 在图像窗口中编辑文字信息，如图 4-71 所示。

㉘ 右击"消息提醒"图层，从弹出的快捷菜单中选择"粘贴图层样式"命令，此时的图像效果如图 4-72 所示。

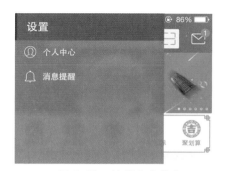
▲ 图 4-71 编辑文字信息

▲ 图 4-72 图像效果

㉙ 将"铃铛"至"消息提醒"图层同时选中并建组，命名为"3"。

㉚ 将"矩形 3"图层进行复制并移动位置，如图 4-73 所示。

㉛ 使用自定形状工具 🐟，选择"邮件"，在图像窗口中绘制出适当形状，如图 4-74 所示。

▲ 图 4-73 复制并移动图层

▲ 图 4-74 绘制形状

㉜ 右击"形状 3"图层，从弹出的快捷菜单中选择"粘贴图层样式"命令，此时的图像效果如图 4-75 所示。

㉝ 将"消息提醒"图层复制并移动位置，使用横排文字工具 T 重新编辑文字内容，如图 4-76 所示。

▲ 图 4-75 图像效果

▲ 图 4-76 编辑文字内容

㉞ 将"形状 3"和"站内信"两个图层同时选中并建组，命名为"4"。

㉟ 将"矩形 3"图层进行复制并移动位置，如图 4-77 所示。

㊱ 使用钢笔工具 ✐ 在图像窗口中绘制出适当形状，如图 4-78 所示。

㊲ 右击"形状 4"图层，从弹出的快捷菜单中选择"粘贴图层样式"命令，此时的图像效果如图 4-79 所示。

㊳ 将"站内信"图层复制并移动位置，使用横排文字工具 T 重新编辑文字内容，如图 4-80 所示。

▲ 图 4-77　复制并移动图层

▲ 图 4-78　绘制形状

▲ 图 4-79　图像效果

▲ 图 4-80　编辑文字内容

㊴ 将"形状 4"和"我的收藏"两个图层同时选中并建组，命名为"5"。

㊵ 将"矩形 3"图层进行复制并移动位置，如图 4-81 所示。

㊶ 使用椭圆工具◼绘制正圆，如图 4-82 所示。

▲ 图 4-81　复制并移动图层

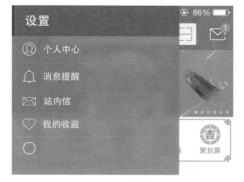

▲ 图 4-82　绘制正圆

㊷ 使用钢笔工具◢绘制形状，如图 4-83 所示。

㊸ 分别右击"椭圆 2"和"形状 5"图层，从弹出的快捷菜单中选择"粘贴图层样式"命令，此时的图像效果如图 4-84 所示。

▲ 图 4-83　绘制形状　　　　　　▲ 图 4-84　图像效果（粘贴图层样式）

㊹ 将"我的收藏"图层复制并移动位置，使用横排文字工具 **T** 重新编辑文字内容，此时的图像效果如图 4-85 所示。至此，本实例制作完成。

▲ 图 4-85　图像效果

4.4 列表式导航

　　列表式导航与跳板式导航的共同之处是每一个菜单项都是进入应用各项功能的入口点。如果说标签式导航是 APP 中最普遍的导航方式，那么列表式导航就是最必不可少的一种信息承载模式，这种导航设计结构简单清晰、易于理解、准确高效，最重要的是能够帮助用户快速定位到对应内容。

4.4.1 关于列表式导航

列表式导航设计在 APP 中的应用分为以下两种。

1. 作为主导航使用

如果某 APP 主要表达的信息层级较为单一，且并不会在入口间频繁且反复跳转，那么将列表式导航作为主导航是一种不错的选择。例如杂志 Elle，作为一个杂志 APP，它以文字、图片表达为主，层级浅且内容平易，用列表式导航作为主导航来构架内容，简单而直接，如图 4-86 所示。

▲ 图 4-86 Elle APP 首页

2. 作为辅助导航来展示二级甚至更深层级的内容

我们可以在所有 APP 中看到它的应用，作为信息梳理条目，列表数量尽量保持在一屏以内，超过一屏最好再分一级，而且按照人一次只能记住 4 项事物的心理法则，最重要的内容归纳在前 4 个列表项更容易被人们记住。如果不同种类的内容放在同一页面，那么要注意为这些内容分类，比如微信的设置页面，用留白的方式来区分内容的不同，如图 4-87 所示。

▲ 图 4-87　微信设置界面

4.4.2　设计实例

　　本小节将通过形状的绘制并结合图层样式的参数调整，来制作一个列表式导航，其最终效果如图 4-88 所示。下面就一起来制作吧！

▲ 图 4-88　案例最终效果展示

● 绘制步骤 ●

知识点	圆角矩形工具、图层样式、文字工具、矩形工具
文件路径	素材 \ 第 4 章 \4.4.2\ 设计实例 .psd

❶ 新建一个尺寸大小为 640 像素 ×1136 像素的文档并设置参数，如图 4-89 所示。

❷ 选择矩形工具 ▦，设置"工具模式"为"形状"，"填充"为如图 4-90 所示的渐变，"描边"为无。

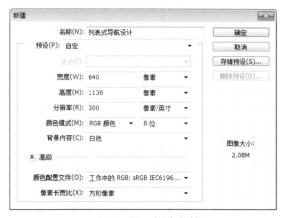

▲ 图 4-89　新建文档　　　　　　　　　　▲ 图 4-90　调整参数

❸ 在文档中单击并拖动鼠标，创建矩形形状，此时图像效果如图 4-91 所示。

❹ 选择直线工具，设置填充类型为"填充"、填充颜色为（#b2b2b2）、"描边"为无、设置形状描边宽度为 1，按住 Shift 键在矩形下方拖动，绘制水平直线，如图 4-92 所示。

▲ 图 4-91　图像效果　　　　　　　　　　▲ 图 4-92　绘制形状

❺ 载入之前准备好的"状态栏"、"菜单"以及"设置"图标等素材文档并调整位置，如图 4-93 所示。

❻ 使用横排文字工具 Ｔ 在图像窗口中输入文字信息，如图 4-94 所示。

▲ 图 4—93　载入素材文档　　　　　　　▲ 图 4—94　输入文字信息

❼ 使用椭圆工具 ◯ 在图像窗口中绘制正圆，如图 4-95 所示。

❽ 添加"头像"素材图片并创建剪贴蒙版，此时的图像效果如图 4-96 所示。

▲ 图 4—95　绘制正圆　　　　　　　　　▲ 图 4—96　图像效果（添加头像）

❾ 使用横排文字工具 T 并调整颜色大小，在图像窗口中输入文字信息，如图 4-97 所示。

❿ 使用矩形工具 ▢ 在图像窗口中绘制矩形，如图 4-98 所示。

▲ 图 4-97 输入文字信息　　　　　　▲ 图 4-98 绘制矩形

⑪ 导入素材图片并创建剪贴蒙版，此时的图像效果如图 4-99 所示。

⑫ 使用矩形工具■在图像窗口中绘制出适当形状，如图 4-100 所示。

▲ 图 4-99 图像效果　　　　　　　▲ 图 4-100 绘制形状

⑬ 将"矩形 3"图层的填充设置为 0%。

⑭ 给"矩形 3"图层添加"渐变叠加"图层样式并设置参数，如图 4-101 所示。

⓯ 此时的图像效果如图 4-102 所示。

▲ 图 4-101　设置"渐变叠加"图层样式参数　　　　▲ 图 4-102　图像效果

⓰ 使用横排文字工具 T 在图像窗口中输入文字信息，如图 4-103 所示。

⓱ 使用矩形工具 ▣ 在图像窗口中绘制矩形，如图 4-104 所示。

▲ 图 4-103　输入文字信息　　　　　　　　▲ 图 4-104　绘制矩形

⓲ 使用钢笔工具 ✎ 在图像窗口中绘制适当形状，如图 4-105 所示。

⓳ 使用横排文字工具 T，输入文字信息，如图 4-106 所示。

▲ 图 4-105　绘制形状　　　　　　　　　　　▲ 图 4-106　输入文字信息

⓴ 继续使用钢笔工具 ✐ 绘制出相应形状，并使用横排文字工具 T 输入文字，如图 4-107 所示。

㉑ 使用椭圆工具 ⬭，设置填充颜色为无、描边颜色为灰色，并设置描边类型，在图像窗口中绘制出适当形状，如图 4-108 所示。

▲ 图 4-107　绘制形状并输入文字　　　　　　▲ 图 4-108　绘制形状

㉒ 按住 Shift 键将"椭圆 1"至最顶部图层的图层全部选中并建组且命名为"1"。

㉓ 复制组"1"并移动位置，如图 4-109 所示。

㉔ 对其文字和图片素材进行修改，最终效果如图 4-110 所示。至此，本实例制作完成。

▲ 图 4-109　复制并移动图层　　　　　▲ 图 4-110　图像的最终效果

4.5　平铺式导航

如果你要设计的界面的信息比较扁平化，那么可以试试平铺式导航，因为这种导航设计能让你的界面给人一种高端、大气、上档次的感觉。同时，这种导航设计能够将界面保持最大限度的简洁。平铺式导航在用户操作的时候也非常方便。例如 PChouse——一个家居杂志的 APP，杂志休闲随意的特质，非常适合平铺式导航，最大限度地保持了图片的完整性，如图 4-111 所示。

▲ 图 4—111　平铺式导航效果展示（家居杂志 APP：PChouse）

平铺式导航的缺点是用户只能切换到相邻页面，很难跳转到非相邻的页面，很容易迷失位置，因此这种导航都会添加几个小点来指示当前位置。如墨迹天气中切换城市的操作就运用了平铺式导航，如图 4-112 所示。

平铺式导航的优点是可以在一个页面完整展示当前城市的情况，还可快速切换到其他城市。如果你设置的城市比较多，就很难快速定位到某个城市。所幸的是，手势操作切换方便，且正常情况下，用户最多设置 2 ～ 3 个页面，因而不会造成太大的负担。

淘宝中的店铺推荐也使用了平铺式导航，推荐店铺虽然有 40 个之多，但用数字表达出了明确位置的同时，也加入了手势切换，增强了易用性和趣味性，如图 4-113 所示。

▲ 图 4—112　平铺式导航效果展示
（墨迹天气首页）

▲ 图 4-113　平铺式导航效果展示（淘宝店铺推荐）

4.6　宫格式导航

这种导航模式非常常见，但是不常用。

常见是因为，无论你用的是 Android 还是 iOS，每天一打开手机，宫格式导航就会进入你的双眼，如图 4-114 所示。

▲ 图 4-114　宫格式导航效果展示

每一个 APP 都是一个宫格，这些宫格聚集在中心页面，用户只能在中心页面进入其中一个宫格，如果想要进入另一个宫格，必须先回到中心页面，然后进入。每个宫格相互独立，它们的信息间也没有任何交集，无法跳转互通。因为这种特质，宫格式导航被广泛应用于各平台系统的中心页面，这就是它常见的原因。

但是为什么不常用呢，大家可以翻一下手机里的 APP，看看哪个 APP 的主导航用了宫格式导航。你可能只找到一个最常用的，尤其是爱自拍的用户们，那就是美图秀秀，如图 4-115 所示。

经常使用美图秀秀或者是美颜相机的用户，尤其是女生，在用过之后会有一个共同的烦恼，那就是麻烦。为什么说麻烦呢？例如我拍了一张图片，然后用美图秀秀进行修图，修好后要先保存好，然后回到首页，找到美化图片，再对其进行特效等添加。最后，还要进行保存。

▲ 图 4-115　美图秀秀主界面

这样的操作让用户感觉烦琐，而且会在手机上多存一张没用的照片，还要到照片里进行手动删除。这就是宫格式导航的缺陷，信息互斥，无法相互通达，只能给用户带来更多的操作步骤。

4.7　悬浮式导航

悬浮式导航也就是悬浮 icon（图标）导航，是将导航页面分层，无论用户到达 APP 的哪个页面，悬浮图标永远悬浮在上面，用户依靠悬浮层随时可以去想要去的地方。同时，为了让悬浮图标不遮挡某个页面的操作，通常悬浮的图标都可以在屏幕边缘自由移动，并且在用户浏览页面、打字聊天等过程中，悬浮图标的颜色会变得更加接近透明，如图 4-116 所示。

▲ 图 4–116　悬浮式导航效果展示

这种导航模式又叫作 Assistive Touch（按键助手），最典型的运用就是 iOS 系统，悬浮式导航是在 iOS 5 出现之后搭载的新的辅助功能。在最初的时候，很多使用苹果手机的用户都说这个悬浮方块非常碍事，还有人说这是因为 Home 键质量不佳，为了延长按键的寿命而设计的。但是不得不说，用习惯了以后，还真的觉得它在某些方面的确起着自己的作用。

其实每个用户在使用同一款手机后对其看法都不尽相同，但是客观地讲，当你只能单手持握手机，这时想回到主屏幕，手指却难以到达屏幕底部时，可以在手机任何边线停留的悬浮方块就能为你提供快捷操作，如图 4-117 所示。

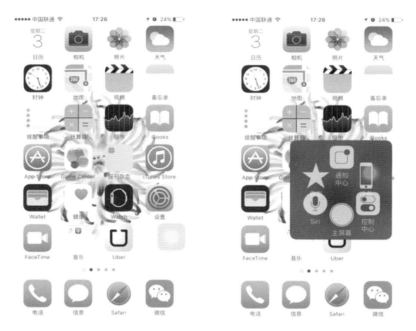

▲ 图 4–117　悬浮方块的作用展示

而且用户可以在 AssistiveTouch 里自定义顶层菜单，像其中的主屏幕功能，并不是因为不用按 Home 键就可以直接返回主屏幕，而是因为双击主屏幕键就可以实现多任务窗口，这样就可以避免双击 Home 键，直接实现多任务操作。

Android 系统同样提出了悬浮图标的设计概念，如图 4-118 所示。

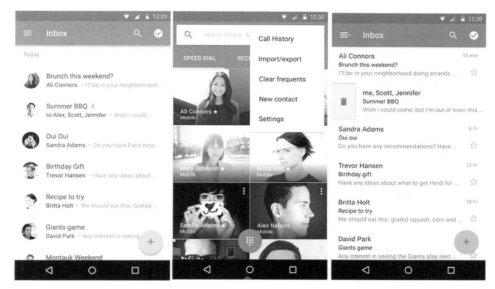

▲ 图 4—118　Android 系统的悬浮式导航效果展示

尽管现在我们还很难看到悬浮图标作为导航的设计，但随着大屏的发展，相信悬浮式图标导航设计一定会得到越来越广泛的使用。

最后需要说明的是，对于任何设计对象，都要根据其产品层级的深度和广度，去选择适合的导航模式，这样才能设计出最适合同时也是最出色的设计。

4.8　设计师心得

本节给大家推荐几个设计师导航网站，希望能够对读者以后的设计有所帮助。

1. 优设网

优设网设计师网址导航为广大设计师以及设计爱好者们提供了大量的 UI 素材、高清图库、PS 教程等各种资源并且可以下载，是优秀网页设计联盟（SDC）旗下最实用、最专业、最全面、最好用的设计师导航网站，如图 4-119 所示。

▲ 图 4—119　优设网

2. UI 中国

UI 中国是一个专业界面交互设计平台，在网站中除了提供作品、临摹、教程等素材供大家学习外，还提供了大赛活动、招聘等其他福利和拓展平台，是一个很棒的设计师导航网站，如图 4-120 所示。

▲ 图 4—120　UI 中国

3. 25 学堂

25 学堂，顾名思义其主要的特色就是有大量的文章等理论知识供大家学习和参考，是一个专注于 **APP UI** 界面的设计案例及分享的平台，当然也提供有大量丰富的素材和教程等，如图 **4-121** 所示。

▲ 图 4-121　25 学堂

4. UI 社

UI 社主要是针对 **UI** 设计提供素材、灵感、教程、**APP** 实际案例欣赏和公开课等，是一个很好的 **UI** 设计素材资源网站。

5. 设计在线 . 中国

设计在线 . 中国是一个华人地区设计艺术专业网站，主要包含工业设计、环境设计、平面设计以及数码设计等方面，如图 **4-122** 所示。网站专注于创意设计行业的各类信息和素材等，是一个能提高眼界和视野，洞察最新前沿资讯的导航网站。

6. Dribbble

Dribbble 简单地说是一个作品交流网站，如图 **4-123** 所示。它是一个面向创作家、艺术工作者等，提供作品在线服务，供网友在线查看已经完成的作品或者是正在创作的作品的交流网站。网站中的作品都是非常好的素材，可以供广大的设计爱好者参考学习。

柯桥"酷玩小镇"logo征集大赛通知

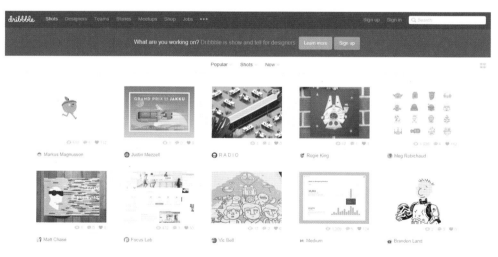

▲ 图 4-122 设计在线·中国

▲ 图 4-123 Dribbble 网站

172

第5章
其他界面元素设计

在 APP UI 中除了前几章讲到的按钮、图标等 UI 元素，还有很多其他元素，本章就对其他应用较多的元素进行讲解，包括表单设计、视觉吸引元素和反馈信息设计。

5.1 表单设计

表单设计有很多种，本节主要对登录表单、注册表单、计算表单、搜索表单以及长表单进行简单的学习，相信大家在学习后，对 APP UI 中的元素设计有更深的了解。

5.1.1 登录表单

登录表单只包括少量的信息输入：用户名、密码、操作按钮、密码帮助、注册选项等。有些应用将这些信息输入框设计在一屏内显示，有一种登录表单抛弃了用户名输入框，只要求用户输入密码。在安装应用时，用户就已经具备了使用权限，只要再输入密码就可以访问敏感数据了。这种形式多见于金融领域的应用，但也适用于其他行业。把移动设备的 PIN（Personal Identification Number，个人识别码）作为密码能实现同样的效果。

下面就通过圆角矩形的绘制并结合图层样式等来制作一个登录表单，最终效果如图 5-1 所示。

▲ 图 5-1　实例最终效果展示

● 绘制步骤 ●

知识点	圆角矩形工具、图层样式、文字工具
文件路径	素材第 5 章 \5.1.1\ 登录表单 .psd

❶ 新建一个尺寸大小为 640 像素 ×1136 像素的文档，如图 5-2 所示。

❷ 给背景图层创建新的渐变填充并调整参数，如图 5-3 所示。

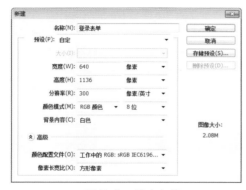

▲ 图 5-2　新建文档

▲ 图 5-3　调整参数

❸ 此时的图像效果如图 5-4 所示。

❹ 使用横排文字工具 T 在图像窗口中输入文字信息，如图 5-5 所示。

▲ 图 5-4　图像效果

▲ 图 5-5　输入文字信息

❺ 给"我的课表列车"图层添加"投影"图层样式并调整参数，如图 5-6 所示。

❻ 此时的图像效果如图 5-7 所示。

▲ 图 5-6　设置"投影"图层样式参数

▲ 图 5-7　图像效果

❼ 使用圆角矩形工具 ▢，设置填充颜色为无、描边颜色为白色、描边宽度为 1 像素，在图像窗口中绘制圆角矩形，如图 5-8 所示。

❽ 使用横排文字工具 T 在相应位置输入文字信息，如图 5-9 所示。

▲ 图 5-8 绘制圆角矩形

▲ 图 5-9 输入文字信息

❾ 给"登录"图层添加"投影"图层样式并调整参数，如图 5-10 所示。

❿ 此时的图像效果如图 5-11 所示。

▲ 图 5-10 设置"投影"图层样式参数

▲ 图 5-11 图像效果

⓫ 将"圆角矩形 1"和"登录"图层进行复制并移动到合适位置，如图 5-12 所示。

⓬ 使用横排文字工具 **T** 对"登录拷贝"图层进行文字编辑，复制图层样式，如图 5-13 所示。

▲ 图 5-12　复制并移动图层　　　　　　　　▲ 图 5-13　编辑文字

⓭ 将"圆角矩形 1"进行复制并移动到合适位置，并修改颜色，如图 5-14 所示。

⓮ 使用横排文字工具 **T**.在图像窗口中输入文字信息，并粘贴图层样式，如图 5-15 所示。

▲ 图 5-14　复制并移动图层　　　　　　　　▲ 图 5-15　输入文字信息

⓯ 使用横排文字工具 **T**.在图像窗口中输入文字信息，如图 5-16 所示。

⓰ 右击图层，从弹出的快捷菜单中选择"粘贴图层样式"命令粘贴图层样式，最终效果如图 5-17 所示。至此，本实例制作完成。

▲ 图 5-16　输入文字信息

▲ 图 5-17　图像的最终效果

5.1.2　注册表单

注册表单是指为该 APP 注册一个用户账号所设计的表单界面，它和登录表单同时存在，也是处于初级界面中。

注册表单与登录表单相同，在内容上要精简，只输入重要的信息。比如"再次确认 E-mail 和密码"在 APP UI 的界面设计中要尽量避免。

接下来通过使用矩形工具 ▣、直接选择工具 ▶ 以及图层样式等基本操作来制作一个简约风格的注册表单，实例效果如图 5-18 所示。

▲ 图 5-18　实例最终效果展示

● 绘制步骤 ●

知识点	矩形工具、图层样式、文字工具、钢笔工具
文件路径	素材 \ 第 5 章 \5.1.2\ 注册表单设计 .psd

❶ 新建一个尺寸大小为 640 像素 ×960 像素的文档，如图 5-19 所示。

❷ 使用矩形工具▣在图像窗口中绘制矩形，如图 5-20 所示。

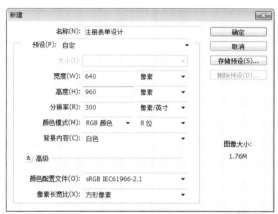

▲ 图 5-19 新建文档　　　　　　　　　　　　　▲ 图 5-20 绘制矩形

❸ 使用椭圆工具 ● 在图像窗口中绘制合适大小的正圆，如图 5-21 所示。

❹ 将"椭圆 1"进行复制并移动到合适位置，此时的图像效果如图 5-22 所示。

▲ 图 5-21 绘制正圆　　　　　　　　　　　　　▲ 图 5-22 图像效果

❺ 继续复制"椭圆 1"，修改填充颜色为无、描边颜色为白色，此时的图像效果如图 5-23 所示。

❻ 使用横排文字工具 T 在图像窗口中输入文字信息，如图 5-24 所示。

▲ 图 5–23　图像效果

▲ 图 5–24　输入文字信息

❼ 使用圆角矩形工具▢在图像窗口中绘制圆角矩形框，如图 5-25 所示。

❽ 将“圆角矩形 1”复制并调整大小，设置形状的描边类型和填充类型，此时的图像效果如图 5-26 所示。

▲ 图 5–25　绘制矩形

▲ 图 5–26　图像效果

❾ 使用椭圆工具⬭在图像窗口中绘制圆，如图 5-27 所示。

❿ 使用直接选择工具↖，将“椭圆 2”最左边的锚点删掉并移动其位置，此时的图像效果如图 5-28 所示。

▲ 图 5-27 绘制圆

▲ 图 5-28 图像效果

⑪ 使用横排文字工具 T 在图像窗口中输入文字信息，如图 5-29 所示。

⑫ 使用直线工具 ／ 绘制直线，如图 5-30 所示。

▲ 图 5-29 输入文字信息

▲ 图 5-30 绘制形状

⑬ 使用矩形工具 ■ 在图像窗口中绘制矩形条，如图 5-31 所示。

⑭ 使用横排文字工具 T 在图像窗口中输入文字信息，如图 5-32 所示。

⑮ 使用圆角矩形工具 ■ 在图像窗口中绘制圆角矩形，如图 5-33 所示。

⑯ 继续使用圆角矩形工具 ■ 在图像窗口中绘制圆角矩形，如图 5-34 所示。

▲ 图 5-31 绘制矩形条

▲ 图 5-32 输入文字信息

▲ 图 5-33 绘制圆角矩形

▲ 图 5-34 继续绘制圆角矩形

⓱ 使用圆角矩形工具■和椭圆工具●，在图像窗口中绘制出图形并调整位置，此时的图像效果如图 5-35 所示。

⓲ 使用横排文字工具T在图像窗口中输入文字信息，如图 5-36 所示。

⓳ 使用圆角矩形工具■在图像窗口中绘制圆角矩形，如图 5-37 所示。

⓴ 使用横排文字工具T在图像窗口中输入文字信息，如图 5-38 所示。

▲ 图 5-35　图像效果

▲ 图 5-36　输入文字信息

▲ 图 5-37　绘制圆角矩形

▲ 图 5-38　输入文字信息

㉑ 使用直线工具 ✎ 绘制直线，如图 5-39 所示。

㉒ 按照步骤 16 和步骤 17 的方法绘制出形状并使用自定形状工具 🐟 绘制箭头，如图 5-40 所示。

㉓ 使用横排文字工具 T 在图像窗口中输入文字信息，如图 5-41 所示。

㉔ 将步骤 21 绘制的直线进行复制并移动位置，如图 5-42 所示。

▲ 图 5-39　绘制直线

▲ 图 5-40　绘制形状

▲ 图 5-41　输入文字信息

▲ 图 5-42　复制并移动直线

㉕ 使用圆角矩形工具 ▣ 在图像窗口中绘制圆角矩形，结合直接选择工具 ▸ 对其进行编辑，此时的图像效果如图 5-43 所示。

㉖ 使用直线工具 ╱ 绘制直线，如图 5-44 所示。

㉗ 将步骤 25 和步骤 26 的形状进行合并。

㉘ 复制合并后的形状图层并调整大小和位置，此时的图像效果如图 5-45 所示。

㉙ 使用圆角矩形工具 ▣ 在图像窗口中绘制圆角矩形，并结合对齐命令进行调整，此时的图像效果如图 5-46 所示。

▲ 图 5-43　图像效果

▲ 图 5-44　绘制直线

▲ 图 5-45　图像效果

▲ 图 5-46　图像效果

㉚ 将此形状图层和下一形状图层进行合并，此时的图像效果如图 5-47 所示。

㉛ 使用横排文字工具 T 在图像窗口中输入文字信息，如图 5-48 所示。

㉜ 使用圆角矩形工具 ▣ 在图像窗口中绘制圆角矩形，如图 5-49 所示。

㉝ 使用横排文字工具 T 在图像窗口中输入文字信息，最终效果如图 5-50 所示。

至此，本实例制作完成。

▲ 图 5-47　图像效果

▲ 图 5-48　输入文字信息

▲ 图 5-49　绘制圆角矩形

▲ 图 5-50　图像的最终效果

5.1.3　计算表单

计算器类的应用，如体重跟踪、税款预估以及贷款计算器，需要输入信息，如图 5-51 所示。

虽然这些表单可以采用常见的操作和布局方式，但也不能忽视可读性方面的基本设计原则。

对齐方式、标签、字体、按钮的位置、数据比较方式、色彩的搭配等所有方面都影响着计算表单的可用性。

▲ 图 5–51　计算类 APP 案例

5.1.4　搜索表单

　　某些搜索功能要求用户输入多个约束条件或标准，才能找到搜索结果。与其他表单模式一样，搜索表单也应该只包括必要的输入项，并提供合理的默认值，如图 5-52 所示。

▲ 图 5–52　搜索表单界面

5.1.5 长表单

　　某些表单可能会需要滚动屏幕才能浏览完。长表单的精妙之处在于，它用命令取代了按钮。大多数 APP 的应用中采用了模式化的表单，把按钮放在了标题栏内。

　　接下来通过使用矩形工具、直接选择工具以及图层样式等基本操作来制作一个简约风格的长表单，最终效果如图 5-53 所示。

▲ 图 5-53　实例最终效果展示

━━━● 绘制步骤 ●━━━

知识点	矩形工具、图层样式、横排文字工具、钢笔工具
文件路径	素材 \ 第 5 章 \5.1.5\ 长表单 .psd

❶ 新建一个尺寸大小为 640 像素 ×1136 像素的文档，如图 5-54 所示。

❷ 使用矩形工具在图像窗口中绘制矩形条，如图 5-55 所示。

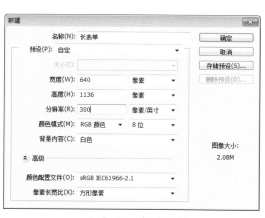

▲ 图 5-54　新建文档

▲ 图 5-55　绘制矩形条

❸ 载入之前已做好的手机状态栏的文档并调整位置，如图 5-56 所示。

❹ 使用矩形工具 ▣ 在图像窗口中绘制矩形，如图 5-57 所示。

▲ 图 5-56　载入文档并调整位置　　　　　　　　　　　▲ 图 5-57　绘制矩形

❺ 给"矩形 2"添加"描边"和"渐变叠加"图层样式并设置参数，如图 5-58 所示。

▲ 图 5-58　设置"描边"和"渐变叠加"图层样式参数

❻ 继续添加"投影"图层样式并调整参数，如图 5-59 所示。

❼ 此时的图像效果如图 5-60 所示。

❽ 使用横排文字工具 T 在图像窗口中输入文字信息，如图 5-61 所示。

❾ 使用圆角矩形工具 ▣ 在图像窗口中绘制圆角矩形，如图 5-62 所示。

▲ 图 5-59 设置"投影"图层样式参数   ▲ 图 5-60 图像效果

▲ 图 5-61 输入文字信息   ▲ 图 5-62 绘制圆角矩形

⑩ 在"属性"面板中调整参数,如图 5-63 所示。

⑪ 调整后的图像效果如图 5-64 所示。

▲ 图 5-63 设置参数   ▲ 图 5-64 图像效果

⑫ 使用添加锚点工具，给"圆角矩形 1"添加一个锚点并进行调整，图像效果如图 5-65 所示。

●●●●○ 中国移动　　　10:21　　　100% ▮▮▮

收货人信息

▲ 图 5-65　添加锚点后的图像效果

⓭ 给"圆角矩形 1"添加"描边"和"渐变叠加"图层样式并调整参数，如图 5-66 所示。

▲ 图 5-66　设置"描边"和"渐变叠加"图层样式参数

⓮ 继续添加"投影"图层样式并设置参数，如图 5-67 所示。

⓯ 此时的图像效果如图 5-68 所示。

▲ 图 5-67　设置"投影"图层样式参数　　　　　▲ 图 5-68　图像效果

⓰ 使用横排文字工具 T 在图像窗口中输入文字信息，如图 5-69 所示。

▲ 图 5-69　输入文字信息

⓱ 使用圆角矩形工具 ▣ 在图像窗口中绘制出适当形状，如图 5-70 所示。

▲ 图 5-70　绘制形状

⓲ 将"圆角矩形 1"的图层样式进行复制，并粘贴在"圆角矩形 2"上。此时的图像效果如图 5-71 所示。

▲ 图 5-71　图像效果

⓳ 使用横排文字工具 T 在图像窗口中输入文字信息，如图 5-72 所示。

▲ 图 5-72　输入文字信息

⓴ 复制背景图层，设置前景色为灰色，按 Alt+Delete 组合键填充前景色，此时的图像效果如图 5-73 所示。

㉑ 使用横排文字工具 T 在图像窗口中输入文字信息，如图 5-74 所示。

▲ 图 5-73　图像效果

▲ 图 5-74　输入文字信息

㉒ 使用圆角矩形工具  在图像窗口中绘制圆角矩形，如图5-75所示。

㉓ 给"圆角矩形3"添加"描边"图层样式并调整参数，如图5-76所示。

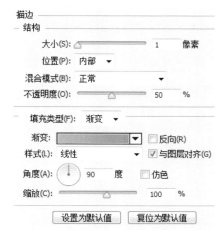

▲ 图5-75　绘制圆角矩形　　　　　▲ 图5-76　设置"描边"图层样式参数

㉔ 继续添加"内阴影"和"投影"图层样式并调整参数，如图5-77所示。

▲ 图5-77　设置"内阴影"和"投影"图层样式参数

㉕ 此时的图像效果如图5-78所示。

㉖ 将"圆角矩形3"进行复制并移动到适当位置，如图5-79所示。

▲ 图 5-78　图像效果　　　　　　　　　▲ 图 5-79　复制并移动图层

❷❼ 使用钢笔工具 🖊 在图像窗口中绘制箭头，如图 5-80 所示。

❷❽ 使用横排文字工具 🅣 在图像窗口中输入文字信息，如图 5-81 所示。

▲ 图 5-80　绘制箭头　　　　　　　　　▲ 图 5-81　输入文字信息

❷❾ 使用椭圆工具 ⬭ 在图像窗口中绘制正圆，如图 5-82 所示。

㉚ 给"椭圆1"图层添加"描边"图层样式并设置参数，如图5-83所示。

▲ 图5-82　绘制正圆　　　　　　▲ 图5-83　设置"描边"图层样式参数

㉛ 继续添加"内阴影"和"渐变叠加"图层样式并调整参数，如图5-84所示。

▲ 图5-84　设置"内阴影"和"渐变叠加"图层样式参数

㉜ 添加"投影"图层样式并调整参数，如图5-85所示。

㉝ 此时的图像效果如图5-86所示。

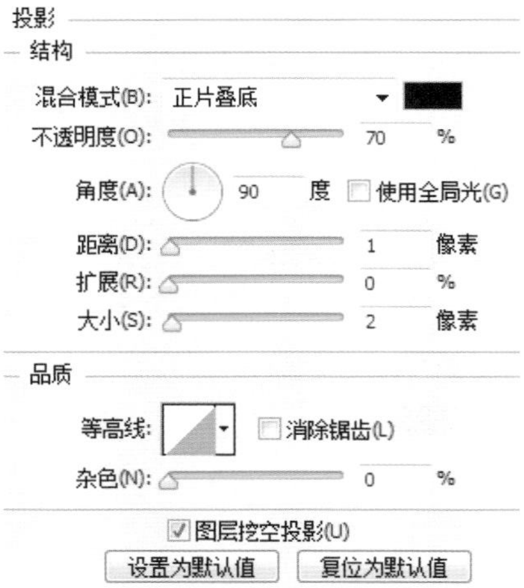

投影
— 结构

混合模式(B):	正片叠底 ▼	■
不透明度(O):	△	70 %

角度(A): ◯ 90 度 □ 使用全局光(G)

距离(D):	△	1 像素
扩展(R):	△	0 %
大小(S):	△	2 像素

— 品质

等高线: ◣ ▼ □ 消除锯齿(L)

杂色(N): △ 0 %

☑ 图层挖空投影(U)

[设置为默认值] [复位为默认值]

▲ 图 5-85 设置"投影"图层样式参数 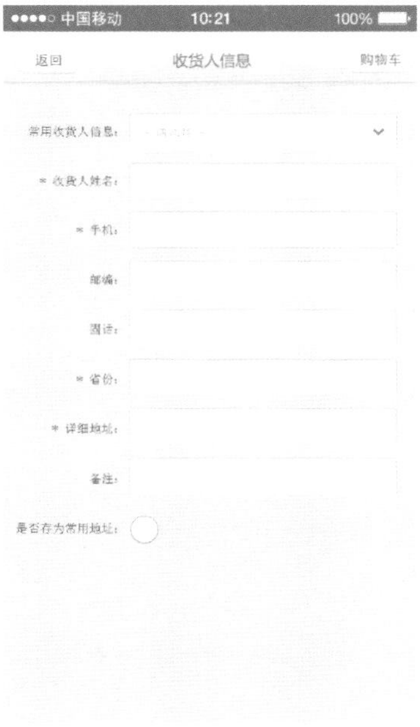　　　　▲ 图 5-86 图像效果

❸❹ 使用椭圆工具 ◉ 在图像窗口中绘制一个正圆并调整位置,如图 5-87 所示。

❸❺ 给"椭圆 2"添加"内阴影"图层样式并设置参数,如图 5-88 所示。

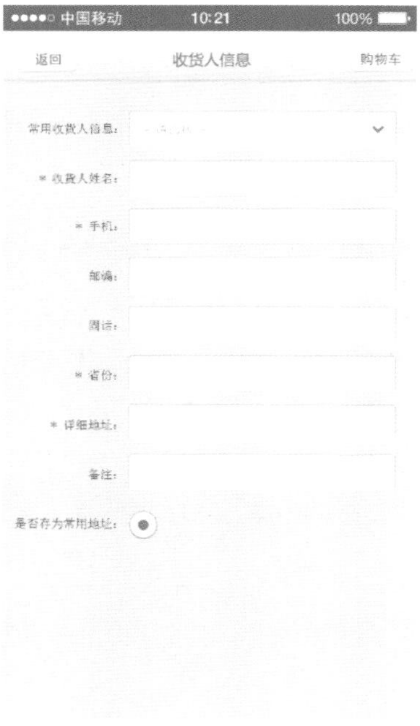

内阴影
— 结构

混合模式(B):	正常 ▼	■
不透明度(O):	△	60 %

角度(A): ◯ 90 度 □ 使用全局光(G)

距离(D):	△	1 像素
阻塞(C):	△	0 %
大小(S):	△	2 像素

— 品质

等高线: ◣ ▼ □ 消除锯齿(L)

杂色(N): △ 0 %

[设置为默认值] [复位为默认值]

▲ 图 5-87 绘制正圆 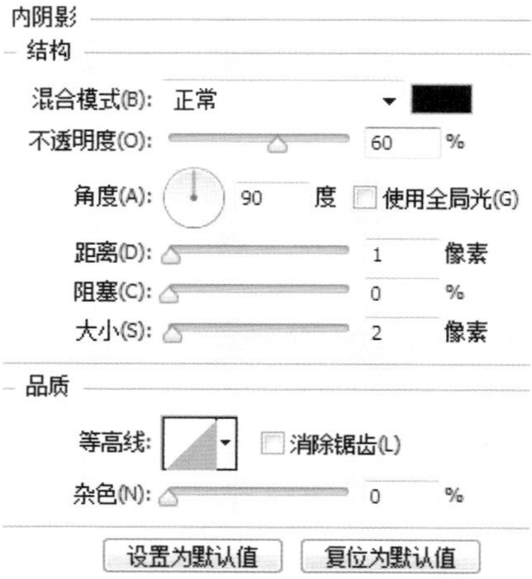　　　　▲ 图 5-88 设置"内阴影"图层样式参数

❸❻ 继续添加"渐变叠加"图层样式并调整参数,如图 5-89 所示。

㊲ 此时的图像效果如图 5-90 所示。

▲ 图 5-89　设置〝渐变叠加〞图层样式参数值　　　　▲ 图 5-90　图像效果

㊳ 将"椭圆 1"和"椭圆 2"图层进行复制并移动到合适位置。

㊴ 清除"椭圆 2 拷贝"的图层样式，调整形状的颜色，设置填充为 30%，并为其添加"内阴影"图层样式，如图 5-91 所示。

㊵ 此时的图像效果如图 5-92 所示。

▲ 图 5-91　设置〝内阴影〞图层样式参数　　　　▲ 图 5-92　图像效果

㊶ 使用横排文字工具 T 在图像窗口中输入文字信息，如图 5-93 所示。

㊷ 使用圆角矩形工具 ▣ 绘制一个圆角矩形，设置其填充类型为渐变填充并设置参数，如图 5-94 所示。

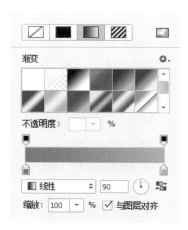

▲ 图 5-93　输入文字信息　　　　　　　▲ 图 5-94　设置参数

㊸ 此时的图像效果如图 5-95 所示。

㊹ 给"圆角矩形 4"添加"斜面和浮雕"图层样式并调整参数，如图 5-96 所示。

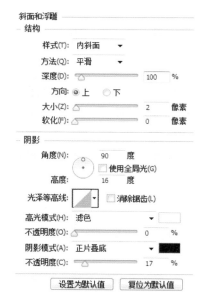

▲ 图 5-95　图像效果　　　　　▲ 图 5-96　设置"斜面和浮雕"图层样式参数

㊺ 继续添加"描边"和"内阴影"图层样式并调整参数值，如图 5-97 所示。

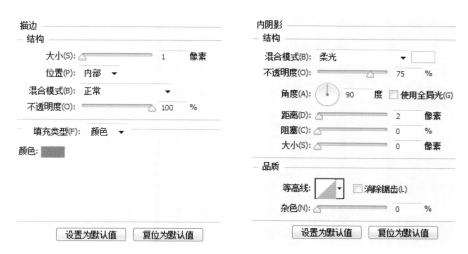

▲ 图 5-97　设置"描边"和"内阴影"图层样式参数

㊻ 添加"投影"图层样式并调整参数值，如图 5-98 所示。

㊼ 此时的图像效果如图 5-99 所示。

▲ 图 5-98　设置"投影"图层样式参数　　　　▲ 图 5-99　图像效果

㊽ 使用横排文字工具 T 在图像窗口中输入文字信息，并给其添加"投影"图层样式，调整参数值，如图 5-100 所示。

㊾ 此时的图像效果如图 5-101 所示。

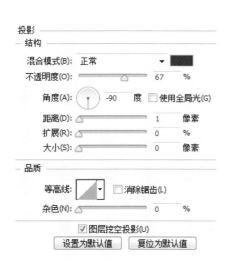

▲ 图 5-100 设置"投影"图层样式参数　　　▲ 图 5-101 图像效果

㊿ 使用矩形工具■在图像窗口中绘制矩形，如图 5-102 所示。

㉒ 给"矩形 3"添加"渐变叠加"图层样式并调整参数，如图 5-103 所示。

▲ 图 5-102 绘制矩形　　　▲ 图 5-103 设置"渐变叠加"图层样式参数

㉓ 继续添加"投影"图层样式并调整参数，如图 5-104 所示。

㉔ 此时的图像效果如图 5-105 所示。

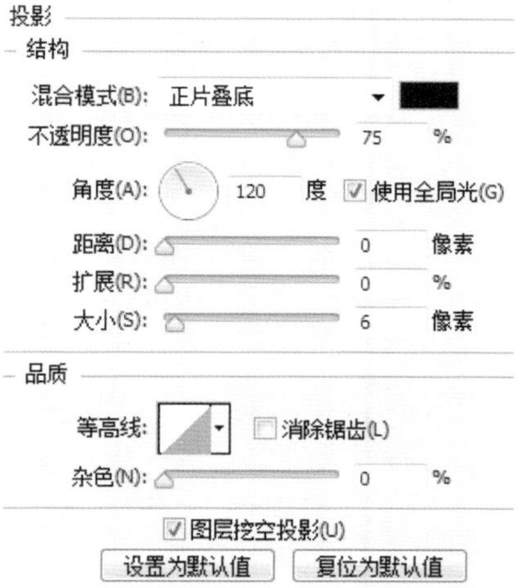
投影
结构
混合模式(B): 正片叠底
不透明度(O): 75 %
角度(A): 120 度 ☑ 使用全局光(G)
距离(D): 0 像素
扩展(R): 0 %
大小(S): 6 像素
品质
等高线: ☐ 消除锯齿(L)
杂色(N): 0 %
☑ 图层挖空投影(U)
设置为默认值
复位为默认值
▲ 图 5－104　设置“投影”图层样式参数

中国移动
10:21
100%
返回
收货人信息
购物车
常用收货人信息:
* 收货人姓名:
* 手机:
邮编:
固话:
* 省份:
* 详细地址:
备注:
是否存为常用地址:
是
否
提交
▲ 图 5－105　图像效果

(54) 使用矩形工具▭绘制矩形，如图 5-106 所示。

(55) 将图层的混合模式设置为“正片叠底”，此时的图像效果如图 5-107 所示。

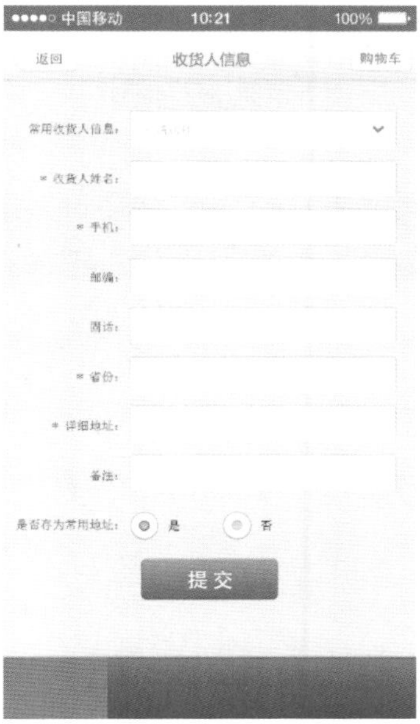
中国移动
10:21
100%
返回
收货人信息
购物车
常用收货人信息:
* 收货人姓名:
* 手机:
邮编:
固话:
* 省份:
* 详细地址:
备注:
是否存为常用地址:
是
否
提交
▲ 图 5－106　绘制矩形

中国移动
10:21
100%
返回
收货人信息
购物车
常用收货人信息:
* 收货人姓名:
* 手机:
邮编:
固话:
* 省份:
* 详细地址:
备注:
是否存为常用地址:
是
否
提交
▲ 图 5－107　图像效果

(56) 使用矩形工具在图像窗口中绘制矩形，如图 5-108 所示。

(57) 给矩形添加“斜面和浮雕”图层样式并调整参数值，如图 5-109 所示。

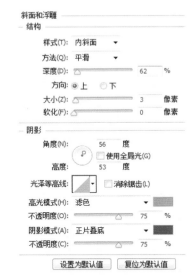

▲ 图 5-108　绘制矩形

▲ 图 5-109　设置"斜面和浮雕"图层
样式参数

⑱ 此时的图像效果如图 5-110 所示。

⑲ 将矩形图层复制并移动到合适位置，如图 5-111 所示。

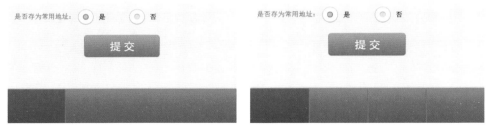

▲ 图 5-110　图像效果

▲ 图 5-111　复制并移动图层

⑳ 使用钢笔工具 ✐ 和形状工具，同时结合直接选择工具 ▶ 在图像窗口中绘制相应形状并做出调整，此时的图像效果如图 5-112 所示。

㉑ 使用横排文字工具 T 在图像窗口中输入相应的文字信息，如图 5-113 所示。

▲ 图 5-112　图像效果

▲ 图 5-113　输入文字信息

㉒ 给"首页"图层添加"渐变叠加"和"投影"图层样式并调整参数值，如图 5-114 所示。

▲ 图 5-114　设置"渐变叠加"和"投影"图层样式参数

㉓ 此时的图像效果如图 5-115 所示。

㉔ 将"首页"图层进行复制并移动位置，重新编辑文字内容，最终的图像效果如图 5-116 所示。至此，本实例制作完成。

▲ 图 5-115　图像效果

▲ 图 5-116　图像的最终效果

第5章　其他界面元素设计

203

5.2 视觉吸引元素

视觉吸引元素通常在用户第一次打开某个应用或是进入新界面时出现。简单的视觉吸引能扭转乾坤，把令人沮丧的第一次使用经历变成满意的使用体验。

5.2.1 对话框设计

带使用说明的简单对话框，是移动应用中最常见的视觉吸引模式，如图 **5-117** 所示。

对话框的显示就像是汽车的"紧急刹车"，它的显示会中断用户的当前任务，可能会引起用户的反感。因此，对话框界面应选择合适的时机出现，并在内容表述上言简意赅，突出重点。

以下情况需使用对话框。

(1) 警告。当某些严重错误发生或是某些无法让应用继续运行的条件发生时，应弹出警告对话框。

(2) 帮助。如果某些应用无法完成请求任务，此时该弹出寻求帮助的对话框来帮助用户。

(3) 授权。某些应用程序无法擅自做决定时，比如共享位置，这时应弹出对话框让用户确认授权。

(4) 警告的内容需要打断运行的任务时，才能出现。

马甲线 APP 对话框界面

前程无忧 APP 对话框界面

▲ 图 5-117 视觉吸引模式——对话框

5.2.2 提示设计

提示可以出现于屏幕的任何位置，比对话框更能融入使用情境。它不仅可以用于主页面，也可用于其他屏幕，如图 5-118 所示。

▲ 图 5-118　视觉吸引模式——提示

在设计时需要注意的是，提示要尽可能地接近它所指向的功能，保持内容的简洁。当用户触摸屏幕时，提示要关闭。

5.2.3 使用向导设计

使用向导设计是最有意思，同时也是最能体现设计点子的部分。它通过多屏展示新内容、新功能，如图 5-119 所示。使用向导能很好地从用户使用目标的角度出发，突出应用的主要功能，同时兼顾内容简洁和视觉效果。

京东 APP 引导页界面　　宜人贷理财 APP 引导页界面

▲ 图 5-119　视觉吸引模式——使用向导

但是这种向导设计有一个缺点，用户如果急切地想要第一时间体验应用，却被迫一步步地看这些使用向导时，会觉得烦躁、浪费时间。

为了弥补这一缺点，一些应用会在每屏向导页面提供类似"立刻体验"的按钮，让用户跳过使用向导，直接体验，如图 **5-120** 和图 **5-121** 所示。

▲ 图 5-120　京东 APP 引导页界面　　　　▲ 图 5-121　宜人贷理财 APP 引导页界面

5.2.4　幻灯片设计

幻灯片常用于主屏幕的设计，通常以"透明层"的方式显示在实际的屏幕内容上，用图解法说明产品的使用方法，如图 **5-122** 所示。

▲ 图 5-122　视觉吸引模式——幻灯片

5.2.5 首次使用引导设计

引导页是首次安装并打开应用程序后呈现给用户的说明书，可以在最短的时间内告知该应用的主要功能和特点。因此，首页使用引导页的设计至关重要，它可以直接影响到后续产品的使用体验。比如：QQ 空间 APP 在首次使用"特别关心"功能时，会通过图片告诉用户如何添加，并提供"马上去添加"的操作路径，给用户带来最为直观的体验，如图 5-123 所示。

▲ 图 5-123　QQ 空间界面

5.2.6 持续视觉吸引设计

持续视觉吸引是屏幕设计的一部分，不管是第几次看到这一屏内容，这类界面提示都一直显示。如图 5-124 所示为 V 电影的"+"区域，持续的视觉吸引并引导用户添加更多的电影类别。

▲ 图 5-124　V 电影界面

5.2.7 可发现的视觉吸引设计

用户执行常见操作（如滑动、点击）时，就能看到这种视觉吸引模式。它是一种在保持屏幕简洁的前提下，鼓励用户执行特定交互操作的方法，如图 5-125 和图 5-126 所示。

 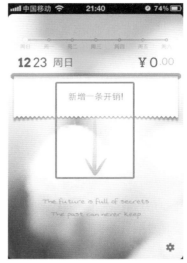

▲ 图 5-125　百度云下拉提示刷新数据　▲ 图 5-126　DailyCost 下拉卷纸 "新增一条开销"

如图 5-127 所示为多看阅读下拉 "添加书签" 时的视觉吸引。

▲ 图 5-127　多看阅读下拉添加书签

5.3　反馈信息设计

　　给用户及时、恰当的反馈，是交互设计非常重要的一项原则。及时恰当的反馈能够告诉用户下一步该做什么，帮助用户做出判断和决定。本章将从三个方面来具体讲解和学习。

5.3.1 操作反馈设计

在对此类的反馈设计中，我们需要注意以下几点。

❖ 文字信息应该简洁易懂，避免使用倒装句，最好一两句就能将意思表达清楚。

❖ 避免使用过于程序化的语言。

❖ 页面已有详细说明文字的操作，其反馈信息可以简单一些，不必重复页面已有文字。比如昵称，界面上已有格式要求时，反馈错误时只需提示"昵称不符合要求"。

❖ 适当使用图标，可以吸引用户注意，帮助用户判断提示的类型。

像我们经常使用的天猫 APP 客户端，在我们收藏宝贝成功的时候，界面中会出现系统自带的 Toast（吐司）的提示，如图 5-128 所示。新浪微博 APP 首页中，如果刷新微博，在导航栏下方、内容区的上方会看到加载成功的提示，如图 5-129 所示。虽然它们所处的位置不同，但这些提示都有一个共同的特点，就是短暂地出现在画面上，1 秒左右消失。

▲ 图 5-128　天猫 APP 界面

▲ 图 5-129　新浪微博界面

5.3.2 出错信息设计

出错信息提示指的是提示用户操作出现了问题或异常，无法继续执行。在设计的过程中需要注意以下几点。

❖ 错误提示，告知用户为什么操作被中断，以及出现了什么错误。

❖ 错误信息要尽量准确、通俗易懂。

❖ 有效的错误提示信息要解释发生的原因，并提供解决方案，以便用户能够从错误中恢复。

比如说，如果在使用的过程中出现了登录失败，那么在界面中就要设计出登录失败的原因以及提示，如图 5-130 所示。同样地，如果操作时出现了重复或者必要性的提示，都要给出提示和建议，如图 5-131 所示。

▲ 图 5-130　OA 系统 APP 移动端　　　▲ 图 5-131　美团 APP 移动端注册界面

5.3.3　确认信息设计

确认信息设计主要是用于询问用户是否要继续某个操作，让用户进一步确认，为用户提供可反悔、可撤销的退路，当用户的操作结果较危险或不可逆时，通过二次选择和确认，可以防止用户误操作，如图 5-132 和图 5-133 所示。

▲ 图 5-132　支付宝 APP 红包收银台界面　　▲ 图 5-133　阿里钱盾 APP 退出登录弹出层

5.4 设计师心得

在如今琳琅满目的 APP 中，如何脱颖而出？设计师要考虑的，不仅是产品如何更合理地展现结构与功能，更重要的是思考自己的 APP 是否能做到简便易懂的同时，又给用户新颖感。

此时，有限的屏幕空间仅靠文字的提示是不够的，APP 需要更多的新鲜血液，即动效设计。动效设计可以拓展空间内容，简化引导流程，降低学习成本，更重要的是给用户带来意想不到的惊喜，它就像人类的肢体语言，能够传达更多的抽象信息。

肢体语言大致可分为三类动作：基本动作，招牌动作和高难度动作，这三种动作是如何在 APP 设计中体现呢？

1. APP 设计的三类动效

❑ **基本动作让用户舒服**

基本动作也可称为日常动作，如坐立，行走，握手，拥抱等。对应 APP 中的基本动作分为以下三类。

❖ **指向性动效，如滑动、弹出等。**

❖ **提示性动效，如滑动删除、下拉刷新等。**

❖ **空间扩展，如翻动、放大等。**

流畅，自然映射，重力模拟这些看似简单的动效，能让用户在操作时轻松自如并有强烈的代入感。这类动效最重要的作用是让用户感到毫无负担又如沐春风，也就是不要夺人眼球，悄无声息地顺应用户行为，引导用户需求。

设计这类动效时需要注意以下几点。

❖ **系统兼容和资源占用。**

❖ **动态速度的节奏。**

❖ **仿生性或现实重现。**

❑ **招牌动效加深用户印象**

招牌动作是基于基本动作有选择性的差异化展现。巧妙的设计在满足产品功能需求的基础上更能让用户惊艳。这类动效是 APP 的专属符号，APP 的品牌展现通过此类动效有较大的发挥空间。同样这类动效的设计更具尝试性和前瞻性，它是动效趋势的实践和探索，甚至能引发跟风潮流。

设计这类动效时需要注意以下几点。

❖ **操作前的提示引导。**

❖夸张化和个性化的表现。

❖对动态趋势的预测。

❏ **高难度动效让用户惊喜**

基本动效让用户舒服，招牌动效让用户印象深刻，当然，只有这些还不够。让人惊喜的高难度动作可以让别人对你刮目相看。这类动效很酷，很炫，可让用户做长时间的视线停留，让用户惊叹的同时，不得不为设计师点赞，大大提升了对 APP 所属品牌及开发团队实力的认可。

当然，不能忘了 APP 的主要功用，高难度动作只是锦上添花抑或画龙点睛。所以在 APP 设计中高难度动作并不一定都会使用，要根据 APP 的切实需要进行设计。在不干扰主功能的前提下，进行探索展示。所以这类动效多出现在引导页或者特殊功能展示上，如图 5-134 所示。

设计这类动效时需要注意的是：在满足系统资源占用的前提下尽可能发挥。

▲ 图 5-134　动效展示

基本动效、招牌动效和高难度动效的合理运用，可以让 APP 变得更出众、更有趣。在 APP 设计过程中，这三类动效要遵循以基本动效为主，招牌动效为辅，高难度动效精选使用，切勿过度炫技的准则。在全民扁平化的设计趋势中，相信动效会为设计带来更多的可能和惊喜。

2. 赋予动效生命力

一段动效首先需要是生动且有趣的，不仅要有好看的外观，还要有流畅的体验。要做到这点，需要赋予动效以生命力，具体有如下几种方法。

❑ **模拟惯性**

现实中物体的运动是有惯性的，比如公交车突然刹车时乘客会突然往前一倒。仔细观察不同的动效，会发现图像在变化（放大、缩小和翻转）的末端都会"超出"一点再立即"反弹"回来，如此的处理方法使得整个动效充满活力，显得生动有趣。

❑ **模拟重力**

与惯性一样，重力也是现实中存在的现象，所有物体在无向上的支持力的情况下都会下坠，比如倾倒垃圾。一般 APP 删除卡片的动效就是横向滑动直至消失，但是有些动效加入了重力效应。如卡片在横向滑动的同时也在翻转并下坠，就像现实中往垃圾桶中倾倒垃圾一样，这使得整个动效不仅生动有趣，也便于用户理解操作含义。

❑ **均匀变速**

一个优秀的动效肯定不会是匀速运动的，匀速运动的物体显得生硬和死板，就像机器人一样。要想让一个图像运动得有活力，就需要对其运动的速度进行设计。仔细观察如图 5-135 所示动效，虽然界面中不同元素的运动速度不尽相同，但其运动均遵循一定的原则，其中之一就是均匀变速，切记"急起"。就是说界面元素在运动时的初始速度要为 0，以匀加速开始运动，而在运动结束阶段往往是可以急停的。

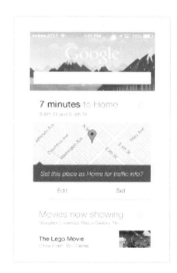

▲ 图 5-135　均匀变速

❑ **碎片化运动**

使一款应用变得个性十足的方法就是给它加上炫酷的动效，而使一个动效炫酷的常用方法就是碎片化运动。简单说就是把界面中的图像拆解成一个个碎片，然后让它们进行不同步的运动，利用时间间隔和变速产生炫酷的效果。

3. 提升 APP 动效的内在美

真正优秀的动效不是只有漂亮外表的花瓶，还得具备优化交互和提升体验的作用。下面总结了 3 个动效的"内在美"，分别为引导、简化和增强反馈。

❑ 引导

图形界面本是难懂且抽象的，增强引导是降低软件操作难度和提升用户体验的好方法。

❖ 动态聚焦：通过动态化的处理引导用户聚焦界面的关键部位，以使体验更加流畅。青蛙能够快速捕捉移动中的物体，人眼也具有相似特征，运动中的物体总能引起下意识的关注。

❖ 示意过渡：过渡动效就是给界面的变化加上流畅的过渡，目的是引导用户理解到底发生了什么，而不会使其不知所措。如图 5-136 所示动效，对添加卡片的过程进行了生动的模拟，让用户很容易理解发生了什么。试想一下，如果该页面没有滑动效果，而是直接生硬地跳转，是不是效果很差？

▲ 图 5-136　示意过渡

❖ 空间转场：转场动效是被设计师所普遍重视的一种特效，它的作用也是引导用户，让用户更好地理解页面跳转，知道自己身在何方。如图 5-137 所示的一则动效就是一个漂亮的转场动效，为了避免两个页面之间的跳转过于生硬，利用动效填补上了页面跳转的中间过程，使得体验更加流畅和自然。

❑ 简化

有时优秀的设计就是出色的简化。简化界面信息和交互层级可以降低操作难度和提升用户体验。

❖ 隐藏二级操作项：利用动效可以使界面中的部分信息隐藏，当进行某些操作后隐藏的内容会动态展开，从而达到简化初始界面的目的，使界面简洁大气。

❖ 按钮动效化：使按钮动效化能够让界面中的重要信息动态浮现在同一按钮上，使得用户的目光紧紧盯着按钮，弱化了页面跳转带来的干扰，使体验更加流畅。

▲ 图 5-137　空间转场

❑ **增强反馈**

软件的反馈对于体验的提高来讲至关重要，增强反馈可以起到更好的提示作用，使体验过程更加轻松和愉悦。抖动是增强反馈的方法之一，用动效反馈替代图形文字的静态提示，更加自然和引人注目。如图 **5-138** 所示的动效出自苹果的 **Pages** 软件，当进入编辑状态后，编辑对象会处于不断抖动的状态，能够很好地起到引导作用。

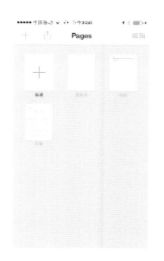
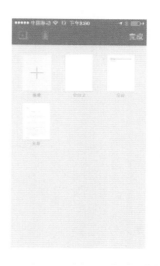

▲ 图 5-138　增强反馈

动效化显然已成为移动互联网产品的新趋势，如何设计出有趣且吸引人的动效已成为设计师们的新课题。不同的产品适合不同类型的动效。切记不要把动效设计成华而不实的花架子，而应该将其视为提升用户体验的新方法。

❑ **动效设计何时动？**

❖ 等待的时间：面对如缓冲、加载等这些等待时间，用户会缺少耐心，而充满个性，有趣的动效可以让用户被你的设计所吸引。

❖ 如果希望用户点击某个地方，可以在此处设计一个动效。

❖ 如果希望用户的点击效果不一样，也可以给它一个动效。

❑ **常见的动效设计方法**

下面是一些常见的动效设计方法，在合适的条件下，要考虑从这些方法入手，为我们的设计增加一丝动感。

❖ 将元素替换为个性化内容：传统的等待或加载动画人们已经熟悉，想让人眼前一亮，改头换面是必需的。如谷歌用了自己的颜色，去哪儿用了自己的 Logo 等，这些都是可以在个性化动效的同时凸显产品品牌，不失为一个很好的选择。

❖ 更换产品的运动方式：除了旋转运动之外，还可以运用重复、构建、变形、拟物、人的动作（翻书）等，只要是和产品定位相符的元素，都能给它创意一个独特的运动方式。

❖ 赋予组件明显的交互反馈：冷冰冰的点击和出现往往不能吸引用户的注意力，所以，当需要加强某些元素来引导用户的时候，可以给这些元素加上适当的出现效果，如渐隐渐显、位移、放大缩小、光晕、分布等效果，会起到很好的引导效果。

动效设计精妙之处在于瞬间获得的体验，通过瞬间的可见变化丰富了人们在使用 APP 时的感觉，不再陌生，不再冰冷，不再无趣等。动效设计在赋予元素动的同时，还要符合人们的认知，因为并不是所有的动都能让人感到愉悦。因此，在设置动效时既要满足产品的需求，还要匹配当时的场景诉求。

第6章

APP 完整应用界面设计

比起前些年的渠道垄断内置型 APP 应用，现在的 APP 都是在开放式商城下载，哪款好用，哪款好看，哪款受欢迎，可从其下载数量看出。

不同类型的 APP，其界面设计基础和风格均有不同，本章将从这两大方面进行讲解，全面了解 APP 应用界面的构成，现在让我们一起去学习吧！

6.1 界面设计基础

本节主要从界面构图、常见的界面设计以及界面切图与导出三个方面来讲解，学完之后，相信读者能够对界面设计有一个基本的了解。

下面就让我们一起去学习吧！

6.1.1 界面的构图

一个漂亮、成功的 APP 界面是从视觉 GUI 开始的，在布局上，太密太疏都不好，要有节奏和合理的间距，如图 6-1 所示。

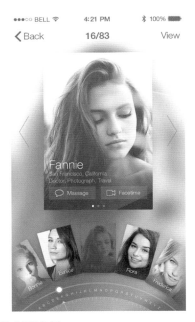

▲ 图 6-1　APP 界面案例

从交互功能布局和分配上，在操作合理性之外，要考虑到后期图形界面所展现出来的效果是否美观。

如果早期的功能定义之后，初步分配了交互布局构图，且初稿设计完成后发现不太美观，这时就需要重新对界面进行构图解析，所以在界面的构图上，在最初设计的时候就要尽量保证既具有美观性同时又具有实用性。

一般来说，照片和人脸容易形成视觉焦点，纯度较高的区域容易吸引眼球，出跳的点睛色容易吸引用户，如图 6-2 所示。

明星衣橱 APP 界面　　　　HAVE FUN APP 界面

▲ 图 6-2　实际案例

6.1.2　常见的界面

绝大部分 APP 一般包含的界面有启动页、引导页、主页面、导航页、个人中心、设置页和搜索页，下面来分别进行介绍。

1. 启动界面

APP 启动界面，顾名思义是指 APP 启动的时候出现的第一个界面，以图像为主要表现形式并加入简单明了的文字作为中心点，如图 6-3 所示；又或者在画面下方加上 APP 版权信息，也使得空旷的画面中多了一丝饱满感，如图 6-4 所示。

▲ 图 6-3　UC 浏览器启动界面

▲ 图 6-4　手机迅雷启动界面

2. 引导界面

引导界面就是用户在首次安装并打开应用后，呈现给用户的说明书。目的是希望用户能在最短的时间内，了解这个应用的主要功能、操作方式并迅速上手，开始体验之旅。既然是说明书难免不受欢迎，因为用户总是骄傲，他们不喜欢被教育、被说明，他们喜欢一口气划过引导界面，直接上手，但是在碰到问题、遇到挫折的时候又会不知所措。所以这就需要设计师非常用心地去处理引导界面的设计。

有些引导界面沉稳大气，适合资讯类的应用，给人以可信赖感。例如，搜狐新闻客户端的引导界面设计，如图 6-5 所示，摒除了所有多余的设计方面，用干净的界面及有力的文字体现了整个应用真实可信的媒体平台的定位。

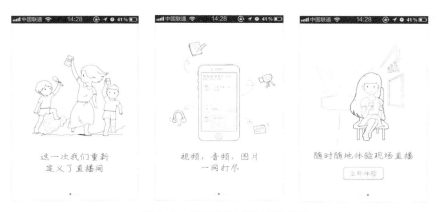

▲ 图 6-5 搜狐新闻 APP 引导界面

有些引导界面的设计则轻松、活泼，适合日常工具或者休闲类的应用，让用户感受到贴心和放松。例如滚雪球 v2.1 引导界面的设计，如图 6-6 所示。

▲ 图 6-6 滚雪球 v2.1 引导界面

▲ 图 6-6 滚雪球 v2.1 引导界面（续）

还有一些引导界面则富有生活情趣，适合一些文艺、小清新的应用，因为这部分应用的用户好标新立异，不喜欢随大流。如图 6-7 所示是 QQ 情侣 APP 的引导界面设计，既可爱又有趣，以卡通漫画的形式展现了 APP 的基本功能。

▲ 图 6-7 QQ 情侣 APP 引导界面

▲ 图 6-7　QQ 情侣 APP 引导界面（续）

3. 主页面

主页面相当于 APP 的首页，多是以分割画面的多个块面组成，如图 6-8 所示。

▲ 图 6-8　主页面

4. 导航界面

APP 导航承载着用户获取所需内容的快速途径。它看似简单，却是设计中最需要考量的一部分。APP 导航的设计，会直接影响用户对 APP 的体验。所以导航菜单设计需要考虑周全，发挥导航的价值，为构筑"怦然心动"的产品打下基础。在第 4 章已经详细地对导航设计进行了讲解，如图 6-9 所示就是几个常见的案例。

淘宝 APP 导航界面　　　　新浪新闻 APP 导航界面

▲ 图 6-9　导航界面

5. 个人中心界面

个人中心界面的主要内容包含了用户的个人信息以及 APP 的相关问题咨询等，如图 6-10 所示，有多重风格和变现形式，我们要根据该 APP 的类型进行一定的调整。

天猫 APP 个人中心界面　　　　腾讯视频 APP 个人中心界面

▲ 图 6-10　个人中心界面

6. 设置界面

设置界面主要是对 APP 进行各方面参数调整的界面，一般有两种设计：一种是设置图标与个人中心图标相对应，点击后展开设置页面，如图 6-11 所示；另一种是设置图标位于个人中心页面，点击后跳转到设置界面，如图 6-12 所示。

▲ 图 6—11　旅行箱 APP 设置界面　　　　▲ 图 6—12　大众点评 APP 设置界面

7. 搜索界面

移动端的搜索往往都是跳转至单独的搜索页面，根据时间顺序可以分为 3 个阶段：搜索前、搜索输入中和搜索完成后。

□ **搜索前**

搜索前的搜索页面是 APP 默认的搜索页面，如图 **6-13** 所示，往往包含以下元素。

▲ 图 6—13　搜索前的搜索页面

❖ 退出搜索的按钮。

❖ 搜索提示信息，比如输入哪些内容进行搜索。提示可以在输入框内，也可以放在输入框下面。

❖ 历史记录，已经搜索过的信息一键即可完成搜索，减少用户手动输入。

❖ 热点关键词推荐。

❖ 根据用户信息进行推荐的内容。

❖ 广告等。

如图 6-14 所示，京东、面包旅行、网易云音乐的搜索默认页面放置了默认提示、历史记录、实时热点、热门推荐等内容。

▲ 图 6-14　旅游攻略和美团的搜索过程页面（输入键盘已经隐藏）

❏ **搜索输入中**

在输入关键字搜索过程中，主要包含以下要素。

❖ 输入的关键字，以及删除关键字的按钮。

❖ 匹配关键字的内容，如果内容过多，有进入更多列表的入口。

❖ 如果内容分模块，则显示有关键字匹配的各模块，或者可以进行模块切换。

❖ 如果每个匹配记录含有多个结果，可以标出对应的数目。

❏ **搜索完成后**

在界面中单击搜索的结果，展开搜索后的内容。

6.1.3　界面切图与导出

用户看到的产品界面，并非设计师呕心沥血创作的效果图，而是由一个个单独的切图组成。切图作为设计师与开发者之间的桥梁，其作用很关键，合适的切图、精准的位置可以最大限度地还原效果图的设计，精妙的切图更会有事半功倍的效果。

1. 设计中需要切出来的元素

APP 界面由状态栏、导航栏和标签栏组成，如图 6-15 所示。其高度尺寸如表 6-1 所示。

一个 APP 需要切出的元素包括图标、按钮、标签、Logo 等，如图 6-16 所示。

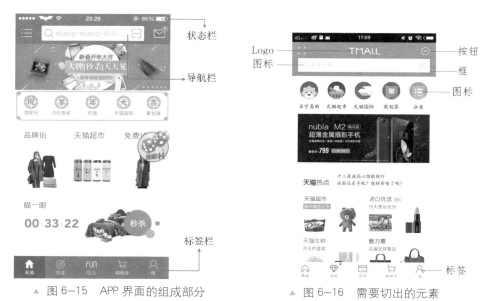

▲ 图 6-15　APP 界面的组成部分　　　▲ 图 6-16　需要切出的元素

表 6-1　APP 界面不同区域的高度尺寸

	iPhone 4-5s	iPhone 6	iPhone 6 plus	Android（720×1280）
状态栏	40 px	40 px	60 px	50 px
导航栏	88 px	88 px	132 px	96 px
标签栏	98 px	98 px	146 px	96 px

2. 点九切图

我们经常会做一个俗称"点九"的切图，那么什么是"点九"呢？"点九"是 Android 平台处理图片的一种特殊的形式，由于文件的扩展名为".9.png"，所以被称为"点九"。"点九"是在 Android 平台多种分辨率需适配的需求下，发展出来的一种独特的技术。它可以将图片横向和纵向随意进行拉伸，而保留像素精细度、渐变质感和圆角的原大小，实现多分辨率下的完美显示效果，同时减少不必要的图片资源，可谓切图利器。

点九切图相当于把一张 png 图分成了 9 个部分（九宫格），分别为 4 个角、4 条边，以及一个中间区域，如图 6-17 所示。4 个角是不做拉伸的，所以还能一直保持圆角的清晰状态，而 2 条水平边和垂直边分别作水平和垂直拉伸，所以不会出现边被拉粗的情况，只有中间用黑线指定的区域作拉伸。结果是图片不会走样。

▲ 图 6-17　分成了 9 个部分

　　智能手机中有自动横屏的功能，同一幅界面会随着手机（或平板电脑）中方向传感器的参数不同而改变显示的方向。在界面改变方向后，界面上的图形会因为长宽的变化而产生拉伸，造成图形的失真变形。

　　我们都知道 Android 平台有多种不同的分辨率，很多控件的切图文件在被放大拉伸后，边角会模糊失真。在 Android 平台下使用点九 PNG 技术，可以将图片横向和纵向同时进行拉伸，以实现在多分辨率下的完美显示效果。

　　如图 6-18 所示为普通拉伸和点九拉伸的效果对比，效果很明显，使用点九后，仍能保留图像的渐变质感和圆角的精细度。

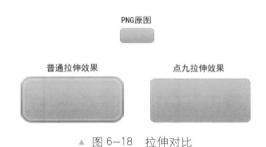

▲ 图 6-18　拉伸对比

3. 在 Photoshop 中绘制点九图

了解了点九图的原理后，下面就来学习点九图的绘制方法。

知识点	裁剪工具、铅笔工具、画布大小
文件路径	素材 \ 第 6 章 \6.1.3\ 点九图 .psd

❶ 打开绘制好的图，使用裁剪工具 ⊵ 沿着图片边缘裁剪，效果如图 6-19 所示。

▲ 图 6-19　裁剪后的效果

❷ 执行"图像"│"画布大小"命令，如图 6-20 所示。

❸ 弹出"画布大小"对话框，将宽度和高度均增加 2 像素，如图 6-21 所示。

▲ 图 6-20　执行命令

▲ 图 6-21　"画布大小"对话框

❹ 确定后的效果如图 6-22 所示。

❺ 查看图中的可拉伸区域，即不包括圆角、光泽等特殊区域的区域，如图 6-23 所示。

▲ 图 6-22　确定后的效果

▲ 图 6-23　查看可拉伸区域

提示　如果不能确定某一区域是不是可拉伸区域，可以在绘制之前将该部分拉伸一下试试，如果图片出现了失真，该区域就是不可拉伸区域。

❻ 使用铅笔工具，设置颜色为黑色、大小为 1 像素，对图片四周的透明区域进行绘制填充，如图 6-24 所示。

▲ 图 6-24　绘制效果

提示
上部为横向可拉伸区域，左侧为纵向可拉伸区域，这两个部分按照可拉伸区域的特点确定黑色条纹的长短。下方为横向内容区域，右侧为纵向内容区域。内容区域的意思就是，如果这个按钮是个窗口的话，右下两区域延伸成的长方形就是可以显示内容的区域。

❼ 执行"文件"｜"存储为 Web 所用格式"命令，在打开的"存储为 Web 所用格式（100%）"对话框中设置优化格式为"PNG-24"，如图 6-25 所示。

❽ 单击"确定"按钮，在打开的对话框中设置文件名称，其后缀为 .9.png，如图 6-26 所示。至此完成了点九的绘制。

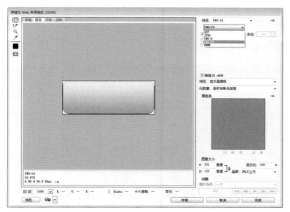

▲ 图 6-25　设置优化格式　　　　　　▲ 图 6-26　修改文件名称

提示
手绘的黑线拉伸区的颜色必须是 #000000，透明度是 100%，并且图像四边不能出现半透明像素。否则图片不会通过 Android 系统编译，导致程序报错。

6.2　不同风格的界面设计

每一类 APP 都有自己的所属功能，列举出来的这些功能以及所需操作便要在初期的设计中有所考虑，使用文字并结合图形、图标或者控件等。但是样图和图形等毕竟是有限的，因此，需要根据该设计对象的特征等，在界面的颜色、排版以及线条表现等方面做出不同的设计，这就必然会出现多种设计风格的界面。

本节就对各类 APP 的不同风格的界面设计进行讲解和实例练习，在学习后，读者一定会有更深的理解与认识。

6.2.1 游戏类 APP 界面设计（安卓系统）

游戏类 APP 在当今 APP 市场中占有很大的市场份额，因此对于游戏设计开发以及 UI 设计的需求也变得越来越多。下面就简单说一下对于此类的 APP UI 设计，我们应该注意些什么。

从整个界面布局来看，游戏类 APP 和其他类的 APP 有很大的区别，主要是因为其功能性归于娱乐，因此在界面的很多部分都是开放式的，没有过多的约束和规整，如图 6-27 所示。

▲ 图 6-27 游戏类 APP 界面

在颜色方面，与其他类别的 APP 相比，游戏类 APP 色彩比较鲜艳和丰富，多以饱和度较强的颜色为主，这样可以提升界面的卡通感和活泼感，如图 6-28 所示。

▲ 图 6-28 保卫萝卜 2 游戏启动界面

6.2.2 音乐类 APP 界面设计（iOS 系统）

在音乐类界面的设计中，需要设计的方面，一个是播放器界面，这是其 APP 中造型和色彩等运用最灵活的界面；另一个是音乐库界面，在设计的时候要细心地调整好各个类别以及二级界面的设计。本小节就来制作一个音乐类 APP 的播放界面，最终效果如图 6-29 所示。

▲ 图 6-29　实例最终效果

━━━━●　绘制步骤　●━━━━

知识点	矩形工具、椭圆工具、剪贴蒙版、图层样式
文件路径	素材 \ 第 6 章 \6.2.2\ 音乐 APP 播放界面 .psd

❶ 新建一个尺寸大小为 640 像素 ×1136 像素的文档并设置参数，如图 6-30 所示。

❷ 填充背景为黑色，将"音乐"素材图片导入文档中并调整大小及位置，如图 6-31 所示。

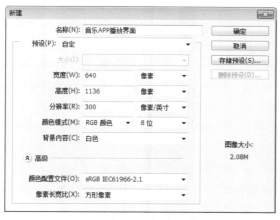

▲ 图 6-30　新建文档

▲ 图 6-31　导入并调整图片

❸ 执行"滤镜"｜"模糊"｜"高斯模糊"命令，打开"高斯模糊"对话框，调整参数，如图 6-32 所示。

④ 此时的图像效果如图 6-33 所示。

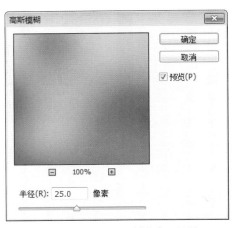

▲ 图 6-32　"高斯模糊"对话框　　　　　▲ 图 6-33　图像效果

⑤ 将素材图片的图层不透明度设置为 70%，此时的图像效果如图 6-34 所示。

⑥ 导入"专辑封面"素材图片到文档并调整位置及大小，如图 6-35 所示。

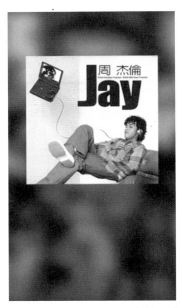

▲ 图 6-34　不透明度为 70% 的效果　　　　▲ 图 6-35　导入并调整素材图片

⑦ 为图层添加"外发光"图层样式并调整参数，如图 6-36 所示。

⑧ 此时的图像效果如图 6-37 所示。

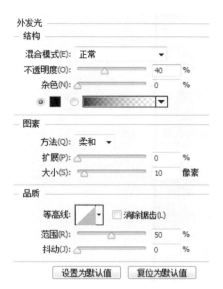

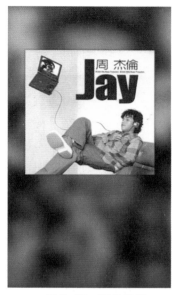

▲ 图6-36　设置"外发光"图层样式参数　　　　　▲ 图6-37　图像效果

⑨ 使用自定形状工具![icon]，选择X，在图像窗口中绘制形状，如图6-38所示。

⑩ 使用横排文字工具![icon]，在图像窗口的合适位置输入文字信息，如图6-39所示。

▲ 图6-38　绘制形状　　　　　　　　　▲ 图6-39　输入文字信息

⑪ 继续使用文字工具![icon]，在图像窗口中输入文字信息，如图6-40所示。

⑫ 使用矩形工具![icon]，在图像窗口中绘制矩形，填充颜色为白色，如图6-41所示。

▲ 图6-40　继续输入文字信息　　　　　　　　▲ 图6-41　绘制矩形

⑬ 将"矩形"的图层不透明度设置为20%，此时的图像效果如图6-42所示。

⑭ 使用自定形状工具 ，选择"箭头18"，在图像窗口中绘制形状，如图6-43所示。

▲ 图6-42　调整图层的不透明度　　　　　　　▲ 图6-43　绘制箭头

⑮ 将"形状2"的图层不透明度设置为30%，此时的图像效果如图6-44所示。

⑯ 使用自定形状工具，选择"箭头18""三角形"，在图像中绘制出形状并

结合直接选择工具![icon]调整形状，此时的图像效果如图 6-45 所示。

▲ 图 6-44　调整图层的不透明度　　　　　　▲ 图 6-45　绘制并调整形状

⑰ 使用多边形工具![icon]，将边数设置为 3，在图像窗口中绘制三角形并调整大小，然后复制多个并调整位置，此时的图像效果如图 6-46 所示。

⑱ 使用矩形工具![icon]在图像窗口中绘制矩形条，如图 6-47 所示。

▲ 图 6-46　绘制三角形　　　　　　　　　▲ 图 6-47　绘制矩形条

⑲ 将"矩形 2"的图层不透明度设置为 20%，此时的图像效果如图 6-48 所示。

⑳ 将"矩形 2"进行复制并调整大小，修改图层的整体不透明度为 100%，如图 6-49 所示。

▲ 图 6-48　图像效果

▲ 图 6-49　复制图层并调整

㉑ 使用椭圆工具 在图像窗口中绘制正圆并调整位置，如图 6-50 所示。

㉒ 给"椭圆 1"添加"外发光"图层样式并调整参数值，如图 6-51 所示。

▲ 图 6-50　绘制正圆

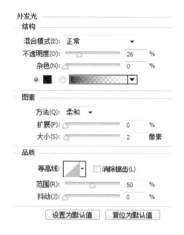

▲ 图 6-51　设置"外发光"图层样式参数

㉓ 继续给"椭圆 1"添加"投影"图层样式并调整参数值，如图 6-52 所示。

㉔ 此时的图像效果如图 6-53 所示。

▲ 图 6-52　设置"投影"图层样式参数

▲ 图 6-53　图像效果

㉕ 使用横排文字工具 ▣在图像窗口中输入文字信息，如图 6-54 所示。

㉖ 使用矩形工具 ▣在图像顶部绘制矩形，如图 6-55 所示。

▲ 图 6-54　输入文字信息

▲ 图 6-55　绘制矩形

㉗ 将"矩形 3"图层的不透明度设置为 50%，此时的图像效果如图 6-56 所示。

㉘ 使用椭圆工具 ▣在图像窗口中绘制正圆，如图 6-57 所示。

▲ 图 6-56　调整图层的不透明度

▲ 图 6-57　绘制形状

㉙ 将"椭圆 2"进行复制，调整形状属性并移动到合适位置，此时的图像效果如图 6-58 所示。

㉚ 使用横排文字工具 T 在图像窗口中输入文字信息，如图 6-59 所示。

▲ 图 6-58 图像效果

▲ 图 6-59 输入文字信息

㉛ 使用圆角矩形工具 ▣ 在图像窗口中绘制圆角矩形，并设置其属性，如图 6-60 所示。

㉜ 此时的图像效果如图 6-61 所示。

▲ 图 6-60 设置形状属性

▲ 图 6-61 图像效果

㉝ 将"圆角矩形 1"进行复制并调整大小和属性，此时的图像效果如图 6-62 所示。

㉞ 使用椭圆工具 ● 在图像窗口中绘制出形状并结合直接选择工具 ▷ 对形状做出调整，如图 6-63 所示。至此，本案例制作完成。

▲ 图 6-62 图像效果

▲ 图 6-63 绘制并调整形状

6.2.3 新闻类 APP 界面设计

对于新闻类的 APP 设计，一般会根据系统的不同设计一个全景视图界面以及多个单屏视图界面。然后再依据设计规范，对界面进行布局规划，形成最初的界面版块。

一般的新闻类 APP 界面在形状上，主要是以矩形为版式布局的主要设计元素，如图 6-64 所示。

▲ 图 6-64　新闻类 APP 界面布局

在颜色选择方面，通过平常生活中看到的新闻联播、早间新闻等新闻类节目以及头条新闻、天天快报等新闻类 APP 可以看出，大多是以蓝色、白色和红色为主，如图 6-65 所示。

▲ 图 6-65　新闻类 APP 界面颜色

这是因为蓝色是色彩中较为沉静、稳重的颜色，象征着博大高远、壮阔永恒；而白色象征着简单明了、透明清白；红色象征着纯正热情、激情向上。因此，在此类 APP 的设计中，以此类色彩为主色调是很妥当的。

布拉格城堡

6.2.4 旅游类 APP 界面设计

对于旅游类 APP 的界面 UI 设计，主要以娱乐性、趣味性的设计为前提，设计出一个画面优美、信息详细的旅游攻略 APP 产品。

在设计的过程中需要注意，由于此类 APP 主要是提供旅游信息与图片，因此在对整个界面包括排版的视觉效果上要处理得唯美印象派。如图 6-66 所示是设计完成后的案例效果。

特别提示：

1. 可在城堡内采拍照，但不能使用闪光灯和三脚架，同时不能在布拉格城堡故事展、圣维特宝藏展览、布拉格城堡画廊和火药塔、城堡士兵展览区拍照
2. 城堡门卫一小时换岗一次，正午12点在城堡正门第一大院内会有军乐和卫兵换岗仪式

▲ 图 6-66　案例最终效果

 绘制步骤

知识点	椭圆工具、矩形工具、图层样式、剪切蒙版
文件路径	素材 \ 第 6 章 \6.2.4\ 旅游 APP.psd

❶ 新建一个尺寸大小为 640 像素 ×1136 像素的文档并设置参数，如图 6-67 所示。

❷ 使用矩形工具 ▣ 在图像窗口中绘制矩形，如图 6-68 所示。

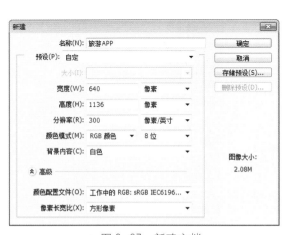

▲ 图 6-67　新建文档

▲ 图 6-68　绘制矩形

❸ 将素材图片导入到文档中，创建剪贴蒙版并移动位置，此时的图像效果如图 6-69 所示。

❹ 使用矩形工具，设置为渐变填充并调整参数，如图 6-70 所示。

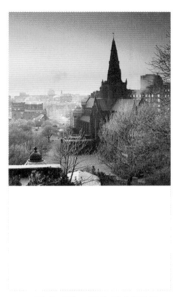

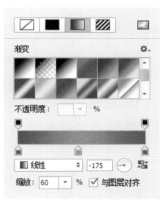

▲ 图 6-69　导入素材图片　　　　　　　　　▲ 图 6-70　调整参数

❺ 此时的图像效果如图 6-71 所示。

❻ 给"矩形 2"添加"内阴影"图层样式并调整参数值，如图 6-72 所示。

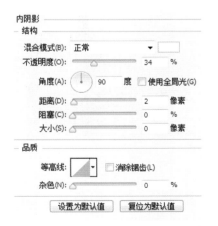

▲ 图 6-71　图像效果　　　　　　　　▲ 图 6-72　设置"内阴影"图层样式参数

⑦ 继续添加"渐变叠加"图层样式并调整参数，如图 6-73 所示。

⑧ 此时的图像效果如图 6-74 所示。

▲ 图 6-73 调整"渐变叠加"参数　　　　▲ 图 6-74 图像效果

⑨ 使用直线工具 ⁄ ，在图像窗口中绘制线段，并复制两个，调整位置，如图 6-75 所示。

⑩ 使用横排文字工具 T ，在图像窗口的合适位置输入相应的文字信息，如图 6-76 所示。

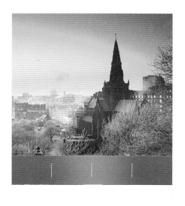

▲ 图 6-75 绘制线段　　　　▲ 图 6-76 输入文字信息

⑪ 继续使用横排文字工具 **T**，在图像窗口中输入文字信息，如图 6-77 所示。

⑫ 使用直线工具 **╱** 绘制直线，如图 6-78 所示。

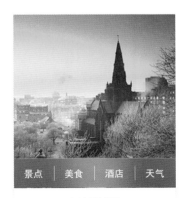

▲ 图 6-77　继续输入文字信息　　　　　▲ 图 6-78　绘制直线

⑬ 使用横排文字工具 **T**，在图像窗口中输入文字信息，此时的图像效果如图 6-79 所示。

⑭ 使用椭圆工具 **●**，在图像窗口中绘制形状，如图 6-80 所示。

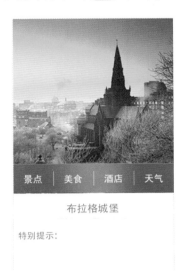

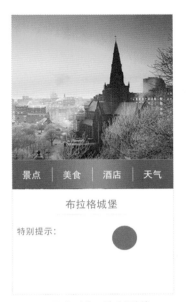

▲ 图 6-79　输入文字信息　　　　　　　▲ 图 6-80　绘制形状

⑮ 将素材图片导入到文档中并创建剪贴蒙版，此时的图像效果如图 6-81 所示。

⑯ 复制两个图层，并移动位置，将素材图片替换，如图 6-82 所示。

▲ 图 6-81　导入素材图片　　　　　　▲ 图 6-82　替换素材图片

⑰ 使用横排文字工具 **T**，在图像窗口中输入文字信息，如图 6-83 所示。

⑱ 使用矩形工具 **■**，在图像的顶部绘制矩形，如图 6-84 所示。

▲ 图 6-83　输入文字信息　　　　　　▲ 图 6-84　绘制矩形

⑲ 将"矩形 3"图层的不透明度设置为 20%，此时的图像效果如图 6-85 所示。

⑳ 将之前案例中的手机状态栏素材导入到文档中，此时的图像效果如图 6-86 所示。至此，本案例制作完成。

▲ 图 6-85　图像效果

▲ 图 6-86　最终图像效果

6.2.5　交友类 APP 界面设计

我们的手机中都有一款交友类的 APP 软件，不管是 QQ 还是微信，又或者在这个发展迅速的时代下所推出的各种全方位功能的 APP 软件，这都是在移动端中必不可缺的一部分。

本小节一起去制作一个交友类 APP 的个人中心界面，实例的最终效果如图 6-87 所示。

▲ 图 6-87　案例最终效果

●━ 绘制步骤 ━●

知识点	圆角矩形工具、图层样式、文字工具
文件路径	素材 \ 第 6 章 \6.2.5\ 交友 APP 个人中心界面 .psd

❶ 新建一个尺寸大小为 640 像素 ×1136 像素的文档并设置参数，如图 6-88 所示。

❷ 使用矩形工具 ▣ 在图像窗口中绘制矩形，如图 6-89 所示。

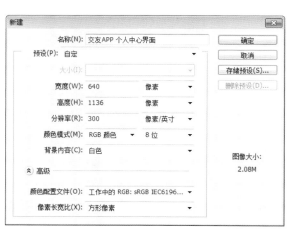

▲ 图 6-88　新建文档

▲ 图 6-89　绘制矩形

❸ 给 "矩形 1" 添加 "渐变叠加" 图层样式并调整参数，如图 6-90 所示。

❹ 此时的图像效果如图 6-91 所示。

▲ 图 6-90　设置 "渐变叠加" 图层样式参数

▲ 图 6-91　图像效果

⑤ 将 6.2.4 节实例中的"状态栏"素材导入到本文档中,调整矩形的图层不透明度为 10%,并对文字和图形进行调整,图像效果如图 6-92 所示。

⑥ 使用直线工具 ✐ 在图像窗口中绘制直线并复制,按 Ctrl+T 组合键对两条直线进行角度调整,并合并形状,如图 6-93 所示。

▲ 图 6-92 导入素材并调整 ▲ 图 6-93 绘制形状并调整

⑦ 在当前图层上选择矩形工具 ▣,设置路径操作为"减去顶层形状",在图像窗口中绘制矩形,并移动到合适位置,如图 6-94 所示。

⑧ 使用钢笔工具 ✐ 在图像窗口中绘制形状并结合直接选择工具 ▸ 进行调整,此时的图像效果如图 6-95 所示。

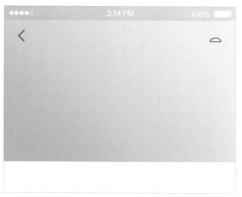

▲ 图 6-94 绘制矩形并移动位置 ▲ 图 6-95 图像效果

⑨ 使用椭圆工具 ● 在图像窗口中绘制椭圆,如图 6-96 所示。

⑩ 使用直线工具 ✐ 在图像窗口中绘制直线并复制,调整位置和角度,此时的图像效果如图 6-97 所示。

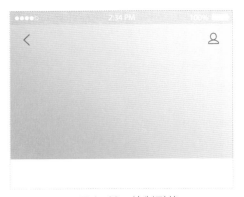

▲ 图 6-96　绘制形状　　　　　　　　　　　▲ 图 6-97　绘制直线并调整

⑪ 使用横排文字工具 **T** 在图像窗口中输入文字信息，如图 6-98 所示。

⑫ 使用椭圆工具 ● 在图像窗口中绘制椭圆，如图 6-99 所示。

▲ 图 6-98　输入文字信息　　　　　　　　　▲ 图 6-99　绘制形状

⑬ 给"椭圆 2"添加"描边"和"内发光"图层样式并调整参数，如图 6-100 所示。

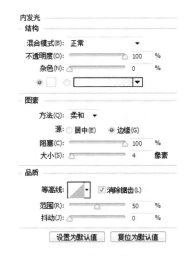

▲ 图 6-100　设置"描边"和"内发光"图层样式参数

⑭ 此时的图像效果如图 6-101 所示。

⑮ 导入头像素材图片并创建剪贴蒙版，如图 6-102 所示。

▲ 图 6-101　图像效果　　　　　　　　▲ 图 6-102　导入素材图片

⑯ 使用横排文字工具 T 在图像窗口中输入文字信息，如图 6-103 所示。

⑰ 使用椭圆工具 ● 在图像窗口中绘制正圆，如图 6-104 所示。

▲ 图 6-103　输入文字信息　　　　　　▲ 图 6-104　绘制正圆

⑱ 使用自定形状工具 ，选择"电话 3"，在图像窗口中绘制形状，并结合直接选择工具 进行调整，此时的图像效果如图 6-105 所示。

⑲ 将"椭圆 3"图层进行复制并移动到右侧合适位置，如图 6-106 所示。

▲ 图 6-105　图像效果　　　　　　　　▲ 图 6-106　复制并移动图层

⑳ 使用自定形状工具 ，选择"会话1"，在图像窗口中绘制形状，如图6-107所示。

㉑ 使用矩形工具 在图像窗口中绘制矩形，如图6-108所示。

▲ 图6-107 绘制形状

▲ 图6-108 绘制矩形

㉒ 使用横排文字工具 T 在图像窗口中输入文字信息，如图6-109所示。

㉓ 将"矩形2"图层以及"9765"和"关注"图层进行复制并移动位置，修改文字与矩形颜色，此时的图像效果如图6-110所示。

▲ 图6-109 输入文字信息

▲ 图6-110 复制并编辑图层

㉔ 用同样的方法，再次进行复制并移动编辑，此时的图像效果如图6-111所示。

㉕ 使用横排文字工具 T 在图像窗口中输入文字信息，如图6-112所示。

▲ 图6-111 图像效果

▲ 图6-112 输入文字信息

㉖ 使用矩形工具█在图像窗口中绘制矩形，如图 6-113 所示。

㉗ 使用矩形工具█在图像窗口中绘制矩形框并复制调整，如图 6-114 所示。

▲ 图 6-113　绘制矩形

▲ 图 6-114　绘制并调整矩形框

㉘ 使用横排文字工具█在图像窗口中输入文字信息，如图 6-115 所示。

㉙ 使用圆角矩形工具█在图像窗口中绘制矩形条，如图 6-116 所示。

▲ 图 6-115　输入文字信息

▲ 图 6-116　绘制矩形条

㉚ 将"圆角矩形 1"进行复制并调整大小和颜色，如图 6-117 所示。

㉛ 使用椭圆工具█在图像窗口中绘制正圆并移动到合适位置，如图 6-118 所示。

▲ 图 6-117　复制并调整图层

▲ 图 6-118　绘制正圆

㉜ 给椭圆添加"投影"图层样式并调整参数值，如图 6-119 所示。

㉝ 此时的图像效果如图 6-120 所示。

▲ 图 6-119 设置"投影"图层样式参数　　　　▲ 图 6-120 图像效果

㉞ 使用横排文字工具 T.在图像窗口中输入文字信息，如图 6-121 所示。

㉟ 使用圆角矩形工具 ▢ 在图像窗口中绘制圆角矩形，如图 6-122 所示。

▲ 图 6-121 输入文字信息　　　　　　　▲ 图 6-122 绘制圆角矩形

㊱ 将素材图片导入文档中，创建剪贴蒙版并进行调整，如图 6-123 所示。

㊲ 将圆角矩形和素材图片进行复制并移动到合适位置。

㊳ 替换素材图片并调整大小，此时的图像效果如图 6-124 所示。

▲ 图 6-123 导入图片并创建剪贴蒙版　　　　▲ 图 6-124 图像效果

㊴ 使用自定形状工具 ![icon]，选择"红心"，在图像窗口中绘制形状并结合直接选择工具 ![icon]进行调整，如图 6-125 所示。

㊵ 使用横排文字工具 ![icon]在图像窗口中输入文字信息，如图 6-126 所示。

▲ 图 6-125　绘制形状并调整

▲ 图 6-126　输入文字信息

㊶ 使用钢笔工具 ![icon]在图像窗口中绘制形状并结合直接选择工具 ![icon]进行调整，如图 6-127 所示。

㊷ 使用椭圆工具 ![icon]绘制正圆，并与"形状"进行"垂直居中对齐" ![icon]和"水平居中对齐" ![icon]，此时的图像效果如图 6-128 所示。

▲ 图 6-127　绘制并调整形状

▲ 图 6-128　图像效果

㊸ 使用横排文字工具 ![icon]在图像窗口中输入文字信息并移动到合适位置，如图 6-129 所示。

㊹ 使用直线工具在图像窗口中绘制直线，如图 6-130 所示。

㊺ 使用横排文字工具 ![icon]在图像窗口中输入文字信息，如图 6-131 所示。

㊻ 复制前面的圆角矩形和素材图片并移动位置，将素材图片进行替换，此时的图像效果如图 6-132 所示。

▲ 图 6-129　输入文字信息

▲ 图 6-130　绘制直线

▲ 图 6-131　输入文字信息

▲ 图 6-132　图像效果

㊼ 将"爱心"和"眼睛"形状图层以及相应的文字图层进行复制并移动到合适位置，如图6-133所示。至此，本案例制作完成。

▲ 图 6-133　复制并移动图层

6.2.6 购物类 APP 界面设计

在当今社会，用手机购物是人们的生活消遣方式之一，因此，手机里必然会有一款购物类手机 APP 软件。设计出好的 APP 界面可以让用户在第一时间找到自己所需要的产品，因此在细节的处理上以及功能的分类上要做到一目了然，如图 6-134 所示。

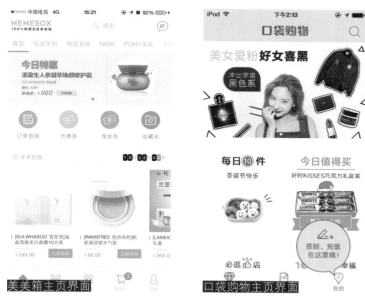

▲ 图 6-134　购物类 APP 界面设计

6.2.7 摄影图像类 APP 界面设计

如今的 APP 市场中，摄影图像类 APP 层出不穷，对于此类 APP 的界面设计要着重于拍摄界面以及后期处理界面。作为一名女性用户，可以深深地体会到后期图片处理时的界面布置以及操作对用户来说实在是太重要了，不美观，不实用，那就删！所以在设计此类 APP 的界面时，要根据使用用户以及功能使用性能方面来进行前期的考量、调研和规划，以保证设计的实用性。

接下来就一起设计一款摄影图像类 APP 的图片处理界面。如图 6-135 所示是制作完成后的界面效果。

▲ 图 6-135　案例效果展示

● 绘制步骤 ●

知识点	圆角矩形工具、图层样式、文字工具
文件路径	素材 \ 第 6 章 \6.2.7\ 图像 APP 编辑处理界面 .psd

❶ 新建一个尺寸大小为 640 像素 ×1136 像素的文档并设置参数，如图 6-136 所示。

❷ 将"天鹅"素材图片导入到文档中并调整大小及位置，如图 6-137 所示。

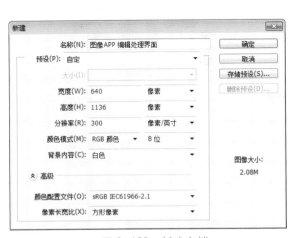

▲ 图 6-136　新建文档

▲ 图 6-137　导入素材图片

❸ 使用矩形工具 ▇ 在图像窗口中绘制形状，如图 6-138 所示。

❹ 将"矩形 1"图层的不透明度设置为 60%，此时的图像效果如图 6-139 所示。

▲ 图 6-138　绘制形状

▲ 图 6-139　图像效果

⑤ 使用钢笔工具 ✐ 在图像左上角的位置绘制箭头，如图 6-140 所示。

⑥ 使用矩形工具 ▣ 在图像右上角位置绘制矩形，如图 6-141 所示。

▲ 图 6-140 绘制箭头

▲ 图 6-141 绘制矩形

⑦ 使用钢笔工具 ✐ 在图像窗口中绘制形状，如图 6-142 所示。

⑧ 使用椭圆工具 ⬤ 在图像窗口中绘制正圆，如图 6-143 所示。

▲ 图 6-142 绘制形状

▲ 图 6-143 绘制正圆

⑨ 使用横排文字工具 Ⲧ 在图像窗口中输入文字信息，如图 6-144 所示。

⑩ 使用矩形工具 ▣ 在图像窗口中绘制矩形，如图 6-145 所示。

▲ 图 6-144 输入文字信息

▲ 图 6-145 绘制矩形

⑪ 将"矩形 3"图层的不透明度设置为 60%，此时的图像效果如图 6-146 所示。

⑫ 使用椭圆工具  在图像窗口中绘制正圆，如图 6-147 所示。

▲ 图 6-146　图像效果　　　　　　　　　　▲ 图 6-147　绘制正圆

⑬ 添加素材图片，创建剪贴蒙版。在"图层"面板下方单击"创建新的填充或调整图层"按钮 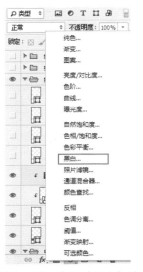，从弹出的列表中选择"黑白"选项，如图 6-148 所示。

⑭ 创建剪贴蒙版，此时的图像效果如图 6-149 所示。

▲ 图 6-148　选择"黑白"选项　　　　　　　▲ 图 6-149　图像效果

⑮ 将"椭圆 2"和素材图片进行复制并移动位置。

⑯ 在"图层"面板下方单击"创建新的填充或调整图层"按钮 ，从弹出的

列表中选择"色彩平衡"选项并调整参数值，如图6-150所示。

⑰ 创建剪贴蒙版，此时的图像效果如图6-151所示。

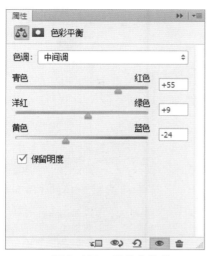

▲ 图6-150　调整参数值

▲ 图6-151　图像效果

⑱ 再次将"椭圆2"和素材图片进行复制并移动位置。

⑲ 在"图层"面板下方单击"创建新的填充或调整图层"按钮 ，从弹出的列表中选择"色彩平衡"选项并调整参数值，如图6-152所示。

⑳ 创建剪贴蒙版，此时的图像效果如图6-153所示。

▲ 图6-152　调整参数值

▲ 图6-153　图像效果

㉑ 继续将"椭圆2"和素材图片进行复制并移动位置。

㉒ 给素材图片添加"颜色叠加"图层样式并调整参数值，如图6-154所示。

㉓ 此时的图像效果如图 6-155 所示。

颜色叠加
颜色
混合模式(B)：正常
不透明度(O)：　51 ％
设置为默认值　复位为默认值

▲ 图 6-154　设置"颜色叠加"图层样式参数　　　　　▲ 图 6-155　图像效果

㉔ 将"椭圆 2"和素材图片进行复制并移动位置。

㉕ 在"图层"面板下方单击"创建新的填充或调整图层"按钮 ，从弹出的列表中选择"色相 / 饱和度"选项并调整参数值，如图 6-156 所示。

㉖ 创建剪贴蒙版，此时的图像效果如图 6-157 所示。

属性
色相/饱和度
预设：自定
全图
色相：　+16
饱和度：　-7
明度：　0
☐ 着色

▲ 图 6-156　调整参数　　　　　　　　　▲ 图 6-157　图像效果

㉗ 使用矩形工具 在图像窗口中绘制矩形，如图 6-158 所示。

㉘ 将"矩形4"图层的不透明度设置为60%，此时的图像效果如图6-159所示。

▲ 图6-158　绘制矩形

▲ 图6-159　图像效果

㉙ 使用矩形工具 ▦ 在图像窗口中绘制矩形并在属性面板中调整参数，如图6-160所示。

㉚ 此时的图像效果如图6-161所示。

▲ 图6-160　调整参数

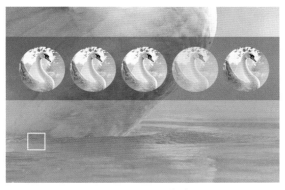

▲ 图6-161　图像效果

㉛ 将"矩形5"进行复制并调整位置和大小，此时的图像效果如图6-162所示。

㉜ 使用自定形状工具 ▦ ，选择"箭头7"，在图像窗口中绘制形状并调整角度，此时的图像效果如图6-163所示。

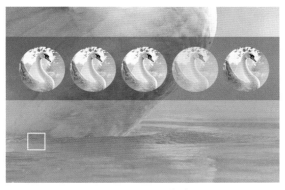

第6章　APP完整应用界面设计

261

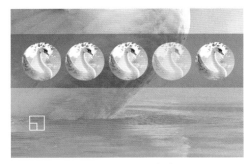

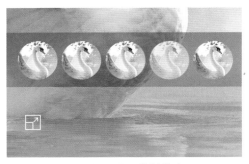

▲ 图 6-162　图像效果

▲ 图 6-163　绘制箭头

㉝ 使用圆角矩形工具 ▣ 在图像窗口中绘制圆角矩形并旋转，此时的图像如图 6-164 所示。

㉞ 选择多边形工具 ◉ ，设置边数为 8，并在设置面板中调整参数，如图 6-165 所示。

▲ 图 6-164　绘制圆角矩形并旋转

▲ 图 6-165　调整参数

㉟ 绘制形状，此时的图像效果如图 6-166 所示。

㊱ 使用直接选择工具 ▶ 对形状进行调整，此时的图像效果如图 6-167 所示。

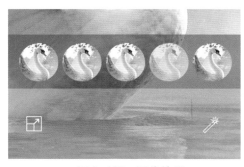

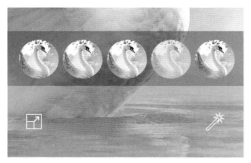

▲ 图 6-166　图像效果

▲ 图 6-167　调整状态

㊲ 使用多边形工具 ◉ ，设置边数为 4，在图像窗口中绘制形状，如图 6-168 所示。

㊳ 使用椭圆工具 ◉ 在图像窗口中绘制正圆，如图 6-169 所示。

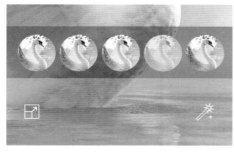

▲ 图 6-168　绘制形状

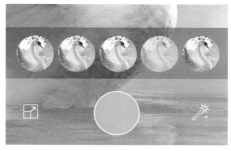

▲ 图 6-169　绘制正圆

㊴ 将"椭圆 3"图层的填充设置为 50%，此时的图像效果如图 6-170 所示。

㊵ 将"椭圆 3"进行复制并调整位置和大小，图像效果如图 6-171 所示。

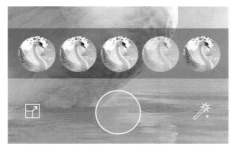

▲ 图 6-170　图像效果

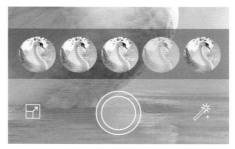

▲ 图 6-171　复制并调整图层

㊶ 继续将"椭圆 3"进行复制并调整位置和大小，图像效果如图 6-172 所示。

㊷ 使用矩形工具 ▣ 在图像窗口中绘制矩形，如图 6-173 所示。

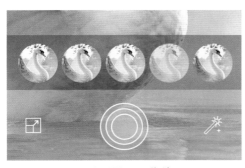

▲ 图 6-172　图像效果

▲ 图 6-173　绘制矩形

㊸ 使用直线工具 ∕ 在图像窗口中绘制线段，并同时选中"矩形 6"图层进行"垂

直居中对齐" ▥，此时的图像如图 6-174 所示。

⓴ 将线段进行复制并移动到合适位置，此时的图像如图 6-175 所示。

▲ 图 6-174 图像效果

▲ 图 6-175 复制线段

⓵ 继续进行复制并调整位置，此时的图像效果如图 6-176 所示。至此，本实例制作完成。

▲ 图 6-176 图像效果

6.3 设计师心得

6.3.1 什么是好的设计

我们总说要设计出好的作品，那么到底什么才是好的设计呢？好的设计又有哪些特点呢？下面一起来看一下！

1. 好的设计是美观的

这是最直接坦白的一点，虽然美观的设计并不一定是优秀的设计，但是好的设计一定是美观的。

2. 好的设计是实用的

实用和美观是我们经常听到的词语，我们设计出的产品都是有其用户群的，因此也就要符合人机功能学，发挥它的一定功能。这就要求设计必须得实用并且一步步提高其可用性，才能让用户爱不释手。

3. 好的设计是独特的

现在的人们总是追求独特，更有人追求并享受那种独一无二的感觉，因此不光在设计上，在工作和学习中我们也都在探索中前进。只有不一样才能脱颖而出，并且受到大家的关注，因此，好的设计是独特的。

4. 好的设计是直白的

这里我们可以直接理解为，好的设计是一看就懂的、易于理解的。用户群的跨度很大，无论从哪个角度来看，我们在设计的同时，都要考虑到用户的直接使用感受，因此要设计出直白的产品才能得到用户的追捧。

6.3.2 关于安卓屏幕

1. 什么是分辨率、屏幕大小和密度

❖ 分辨率：分辨率就是手机屏幕的像素点数，一般描述成屏幕的"宽 × 高"，安卓手机屏幕常见的分辨率有 480×800、720×1280、1080×1920 等。如 720×280 表示屏幕在宽度方向有 720 个像素，在高度方向有 1280 个像素。

❖ 屏幕大小：屏幕大小是手机对角线的物理尺寸，以英寸（inch）为单位。比如某手机为"5 寸大屏手机"，就是指对角线的尺寸，5 寸 ×2.54 厘米 / 寸 =12.7 厘米，

如图 6-177 所示。

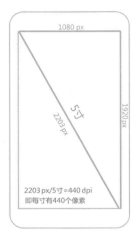

❖密度（dpi，dots per inch；或 PPI，pixels per inch）：从英文意思看，就是每英寸的像素点数，数值越高显示越细腻。比如我们知道一部手机的分辨率是 1080×1920，屏幕大小是 5 英寸，能否算出此屏幕的密度呢？其实只要算出对角线，然后根据勾股定理，就可以得出对角线的像素数大约是 2203，用 2203 除以 5 就是此屏幕的密度了，计算结果是 440。440 dpi 的屏幕已经相当细腻了。

2. 什么是 dp

dp 也可写为 dip，即 density-independent pixel。dp 更类似一个物理尺寸，比如一个宽和高均为 100 dp 的图标在 320×480 和 480×800 的手机上"看起来"一样大。而实际上，它们的像素值并不一样，如图 6-178 所示。dp 正是这样一个尺寸，不管这个屏幕的密度是多少，屏幕上相同 dp 大小的元素看起来始终差不多大。

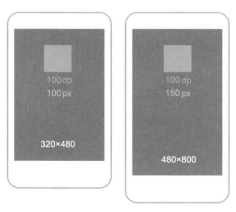

▲ 图 6-178 同一尺寸图标在不同分辨率手机上显示的效果

另外，文字尺寸使用 sp，即 scale-independent pixel 的缩写，这样，当用户在系统设置里调节字号大小时，应用中的文字也会随之变大或变小。

3. 什么是实际密度与系统密度

这里所说的"实际密度"是指我们自己算出来的密度，这个密度代表了屏幕真实的细腻程度。如上述例子中的 440 dpi 就是实际密度，说明这块屏幕每寸有 440 个像素。5 英寸 1080×1920 的屏幕密度是 440，而相同分辨率的 4.5 英寸屏幕密度是 490。如此看来，屏幕密度将会出现很多数值，呈现严重的碎片化。而密度又是安卓屏幕将界面进行缩放显示的依据，那么安卓是如何适配这么多屏幕的呢？

其实，每部安卓手机屏幕都有一个初始的固定密度，这些数值是 120、160、240、320、480，这里将其称为"系统密度"。这里有一个规律，即相隔数值之间是 2 倍的关系。一般情况下，240×320 的屏幕是低密度 120 dpi，即 ldpi；320×480 的屏幕是中密度 160 dpi，即 mdpi；480×800 的屏幕是高密度 240 dpi，即 hdpi；720×1280 的屏幕是超高密度 320 dpi，即 xhdpi；1080×1920 的屏幕是超超高密度 480 dpi，即 xxhdpi，如表 6-2 所示。

表 6-2　实际密度与系统密度

密度	ldpi	mdpi	h dpi	xhdpi	xxhdpi
密度值	120	160	240	320	480
代表分辨率	240×320	320×480	480×800	720×1280	1080×1920

安卓对界面元素进行缩放的比例依据是系统密度而不是实际密度。

4. dp 与 px 如何进行转换

在安卓中，系统密度为 160 dpi 的中密度手机屏幕为基准屏幕，即 320×480 的手机屏幕。在这个屏幕中，1 dp=1 px。

100 dp 在 320×480（mdpi，160 dpi）中是 100 px。那么 100 dp 在 480×800（hdpi，240 dpi）的手机上是多少 px 呢？我们知道，100 dp 在两个手机上看起来差不多大，根据 160 与 240 的比例关系可以知道，在 480×800 中，100 dp 实际覆盖了 150 px。因此，如果你为 mdpi 手机提供了一张 100 px 的图片，这张图片在 hdpi 手机上就会拉伸至 150 px，但是它们都是 100 dp。

中密度和高密度的缩放比例似乎可以不通过 160 dpi 和 240 dpi 计算，而通过 320 px 和 480 px 也可以算出。但是按照宽度计算缩放比例不适用于超高密度 xhdpi 和超超高密度 xxhdpi。即 720×1280 中 1 dp 是多少 px 呢？如果用 720 除以 320，会得出 1 dp=2.25 px，实际这样算出来是不对的。dp 与 px 的换算要以系统密度为准，

720×1280 的系统密度为 320，320×480 的系统密度为 160，320/160=2，那么在 720×1280 中，1 dp=2 px。同理，在 1080×1920 中，1 dp=3 px。

l dpi:mdpi:hdpi:xhdpi:xxhdpi=3:4:6:8:12，我们只要记住这个比例，dp 与 px 的换算就十分容易了，如图 6-179 所示

我们发现，相隔数字之间还是 2 倍的关系。计算的时候，以 mdpi 为基准。比如在 720×1280（xhdpi）中，1 dp 等于多少 px 呢？mdpi 是 4，xhdpi 是 8，2 倍的关系，即 1 dp=2 px。反着计算更重要，比如使用 Photoshop 在 720×1280 的画布中制作了界面效果图，两个元素的间距是 20 px，那要标注多少 dp 呢？2 倍的关系，那就是 10 dp。

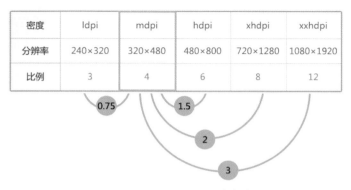

密度	ldpi	mdpi	hdpi	xhdpi	xxhdpi
分辨率	240×320	320×480	480×800	720×1280	1080×1920
比例	3	4	6	8	12

▲ 图 6—179 dp 与 px 的换算

当安卓系统字号设为〝普通〞时，sp 与 px 的尺寸换算和 dp 与 px 一样。比如某个文字大小在 720×1280 的 Photoshop 画布中是 24 px，那么告诉工程师，这个文字大小是 12 sp。

5. 建议在 xdhpi 中作图

安卓手机有这么多屏幕，到底依据哪种屏幕作图呢？没有必要为不同密度的手机都提供一套素材，大部分情况下，一套就够了。

现在手机比较高的分辨率是 1080×1920，可以选择这个尺寸作图，但是图片素材将会增大应用安装包的大小，并且尺寸越大的图片占用的内存越高。如果不是设计 ROM，而是做一款应用，建议大家用 Photoshop 在 720×1280 的画布中作图。这个尺寸兼顾了美观性、经济性和计算的简单。美观性是指，以这个尺寸做出来的应用，在 720×1280 中显示完美，在 1080×1920 中看起来也比较清晰；经济性是指，这个分辨率下导出的图片尺寸适中，内存消耗不会过高，并且图片文件大小适中，安装包也不会过大；计算简单，就是 1 dp=2 px。

做出来的图片，记着让界面工程师放进 drawable-xh dpi 的资源文件夹中。

6. 屏幕的宽高差异

在 720×1280 的画布中作图，要考虑向下兼容不同的屏幕。通过计算可以知道，320×480 和 480×800 的屏幕宽度都是 320 dp，而 720×1280 和 1080×1920 的屏幕宽度都是 360 dp。它们之间有 40 dp 的差距，这 40 dp 在设计中影响还是很大的。如图 6-180 所示，蝴蝶图片距离屏幕的左右边距在 320dp 宽的屏幕和 360dp 宽的屏幕中就不一样。

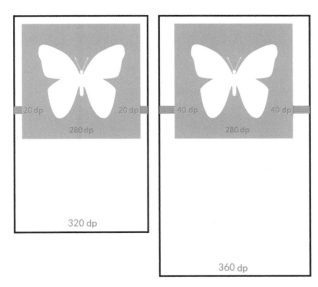

▲ 图 6-180　屏幕的宽度差异

不仅宽度上有差异，高度上的差异更加明显。对于天气等工具类应用，由于界面一般是独占式的，更要考虑屏幕之间的比例差异，如图 6-181 所示。

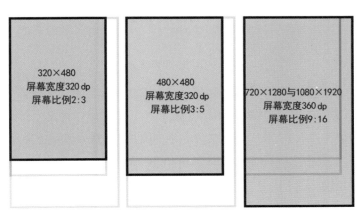

▲ 图 6-181　比例差异

如果想消除这些比例差异，可以通过添加布局文件来实现。一般情况下，布局文件放在 layout 文件夹中，如果要单独对 360 dp 的屏幕进行调整，可以单独做一个布局文件放在 layout-w360dp 中；如果想对某个特殊的分辨率进行调整，可以将布局文件放在标有分辨率的文件夹中，如 layout-854×480。

7. 几个资源的文件夹

在 720×1280 的画布中做了图片，要让开发人员放到 drawable-xhdpi 的资源文件夹中，这样才可以正确显示。这里建议提供一套素材就可以了，可以测试一下应用在低端手机上运行是否流畅，如果比较卡顿，可以根据需要提供部分 mdpi 的图片素材，因为 xhdpi 中的图片运行在 mdpi 的手机上会比较占内存。

以应用图标为例，xhdpi 中的图标大小是 96 px，如果要单独给 mdpi 提供图标，那么这个图标大小是 48 px，放到 drawable-mdpi 的资源文件夹中。各个资源文件夹中的图片尺寸同样符合 ldpi:mdpi:hdpi:xhdpi:xxhdpi=3:4:6:8:12 的规律，如图 6-182 所示。

▲ 图 6-182　比例规律显示图

如果把一个高 2 px 的分割线素材做成了 9.png 图片，想让细线在不同密度中都是 2 px，而不被安卓根据密度进行缩放，怎么办？这时可以把这个分割线素材放到 drawable-nodpi 文件夹中，这个资源文件夹中的图片，将按照实际像素大小进行显示，而不会被安卓根据密度进行缩放。即在 mdpi 中细线是 2 px（2 dp），在 xhdpi 中细线是 2 px（1 dp）。